Neuner – Pilze

BLV Naturführer

101 Tagfalter
102 Nachtfalter
103 Pilze
104 Vögel
105 Alpenblumen
106 Heimische Pflanzen 1
107 Strand + Küste
108 Aquarienfische
109 Mineralien
110 Heimische Pflanzen 2
111 Insekten
112 Säugetiere
113 Fische
114 Giftpflanzen, Gifttiere
115 Wasservögel, Strandvögel
116 Bäume und Sträucher
117 Bach – Fluß – See
118 Heilpflanzen
119 Wolkenbilder – Wettervorhersage
120 Schmetterlinge
121 Wald und Forst

BLV Bestimmungsbücher

1 Pilze
3 Meeresfische
4 Süßwasserfische
5 Aquarienfische
6 Heilpflanzen
7 Steine + Mineralien
8 Sterne + Planeten
9 Tierspuren
10 Pflanzen- und Tierwelt der Alpen
11 Bäume + Sträucher
12 Blumen am Mittelmeer
13 Pflanzen Europas
14 Hunderassen der Welt
15 Insekten + Weichtiere
16 Muscheln + Schnecken
17 Edel- und Schmucksteine
18 Katzenrassen der Welt
19 Säugetiere Afrikas
20 Wetterkunde für alle
21 Die Höhlen Europas
22 Bäume + Sträucher Europas
23 Vögel
24 Pferderassen der Welt
25 Orchideen Europas
26 Tierische Schädlinge
27 Aquarienpflanzen
28 Farne, Moose, Flechten
29 Gräser
30 Pflanzen der Tropen
31 Pilzführer

Weitere BLV Naturbücher

Der große BLV Naturführer
Bianchini/Corbetta/Pistoia, Der große Heilpflanzenatlas
Cetto, Der große Pilzführer 1–3
Keith/Goders, BLV Vogelführer
Mottana/Crespi/Liborio, Der große BLV Mineralienführer
Nielsen/Hancke, Heilpflanzen in Farbe
Pacioni, Das neue BLV Pilzbuch
Schauer/Caspari, Der große BLV Pflanzenführer
Schumacher, Korallenriffe

BLV Naturführer

Pilze

Alle wichtigen Pilze nach Farbfotos bestimmen

Andreas Neuner
Leiter der Städtischen Pilzberatungsstelle München

Achte, durchgesehene Auflage

BLV Verlagsgesellschaft
München Wien Zürich

Fotoredaktion: M. Siebler

Bildnachweis:

Bloid: 19, 23, 25, 37, 39, 51, 73, 97, 125, 127
Collux: 75, 85, 119, 123, 129
Dürr: 23, 39, 71, 109, 111, 117, 119
Egner: 17, 21, 29, 31, 35, 41, 47, 55, 57, 65, 81, 89, 91, 113, 117
Garnweidner: 25, 27, 59, 73, 87, 105, 107, 109, 113, 115
Gerhardt: 33
Neuner: 53, 71
Sauer: 77, 103
Siebler: 15, 19, 31, 43, 45, 49, 51, 53, 55, 61, 63, 67, 69, 79, 83, 85, 87, 89, 91, 93, 95, 97, 99, 101, 107, 111, 115, 121, 123, 127, 129, 131, 133, 135, 137, 139, 141

CIP-Kurztitelaufnahme der Deutschen Bibliothek

Neuner, Andreas:
Pilze: alle wichtigen Pilze nach Farbfotos bestimmen / Andreas Neuner. – 8., durchges. Aufl. – München; Wien; Zürich:
BLV Verlagsgesellschaft, 1982.
(BLV Naturführer; 103)
ISBN 3-405-12048-9
NE: GT

BLV Naturführer 103

Satz: IBV Lichtsatz KG, Berlin
Druck: Poligrafici Editoriale, Bologna
Bindearbeiten: Conzella, Urban Meister, München

Printed in Italy · ISBN 3-405-12048-9

Einleitung

Als Leiter der Städtischen Pilzberatung in München bin ich oft aufgefordert worden, ein Pilzbuch zu benennen, in dem *alle* Pilze ausführlich beschrieben und farbig abgebildet sind. Natürlich mußte ich die Frager enttäuschen. Ein solches Pilzbuch kann es nicht geben, denn es müßte bei der großen Artenzahl der Pilze (ca. 3000 Arten der höheren Pilze in Mitteleuropa), den Umfang eines vielbändigen Lexikons haben. Sein Preis wäre unerschwinglich, die Benützung unhandlich, die Fülle des Gebotenen entmutigend.

So informiert, werden dann die Wünsche hinsichtlich eines Pilzbuches bescheidener und man möchte sich mit einem Buch zufriedengeben, das alle wichtigen Speisepilze und ihre gefährlichen Doppelgänger in guten Abbildungen und Beschreibungen enthält. Diesen Anforderungen will das vorliegende Buch genügen. Es bringt eine Auswahl von 91 Arten, die für den Pilzsammler von Bedeutung sind und läßt die große Anzahl jener Pilze unberücksichtigt, die wegen ihrer Kleinheit oder ihrer Seltenheit oder ihrer Bedeutungslosigkeit für die Küche die Mehrzahl der Pilzsucher nicht interessiert.

Für diejenigen Pilzsammler aber, die sich allmählich von Pilzessern zu Pilzfreunden entwickeln, für die das Problem um die Pilze nicht heißt – eßbar oder giftig –, für diesen Personenkreis soll das vorliegende Buch das Elementarbuch der Pilzkunde sein, auf dem sie weiterbauen können. Mit der sicheren Kenntnis von 91 Arten darf man sich als Pilzkenner bezeichnen, allerdings mit der Einsicht, daß man, so weit eingedrungen, erst am Anfang steht. Wer behauptet, daß er alle Pilze kenne, der weiß entweder nicht wie artenreich das Geschlecht der Pilze ist oder wir haben es mit einem unerfreulichen Angeber zu tun. Es gibt überhaupt niemand, der *alle* Pilze kennt.

Aber diese 91 abgebildeten Arten kennenzulernen, dürfte nicht allzuschwer sein, denn sie sind – mit geringen Ausnahmen – fast in allen Gegenden und jedes Jahr zu finden. Sehr wichtig ist es, sich mit den giftigen Pilzen vertraut zu machen, besonders mit jenen, die nicht nur eine mehr oder minder heftige Verdauungsstörung hervorrufen, sondern tödliche Folgen haben können. Jeder Pilzsammler muß genau wissen, wie die beiden Knollenblätterpilze, der Tigerritterling, der Pantherpilz und der Ziegelrote Rißpilz aussehen.

Es wäre praktisch, ein narrensicheres Mittel zur **Erkennung der Giftpilze** zu haben, etwa einen Teststreifen, wie man ihn zur Erkennung von Zucker im Urin verwendet, der sich dann beim Eintauchen in ein giftiges Pilzgericht leuchtend rot färben würde. Aber einen solchen Indikator gibt es nicht, und was man früher anwendete, um vermeintlich ein giftiges Pilzgericht als solches zu entlarven, ist längst als Aberglaube erkannt worden. Man glaubte z. B. das Schwarzwerden eines silbernen Löffels oder einer mitgekochten Zwiebel sei ein sicherer Hinweis darauf, daß das Pilzgericht giftig sei. Weder übertriebene Ängstlichkeit noch fahrlässiger Leichtsinn sind am Platz. In alten Kochbüchern liest man z. B. die Anweisung, daß sogar der (irdene) Topf, in dem das giftige Gericht zubereitet wurde, zerschlagen werden müsse, damit seine weitere Verwendung nicht zu Gesundheitsstörungen führe. Der wichtigste Grundsatz ist wohl der, daß man nur solche Pilze zu Speisezwecken sammelt, die man ganz sicher kennt. Arten, die nicht einwandfrei zu identifizieren sind, verwende man nur dann, wenn sie einer Pilzberatungsstelle vorgelegt und dort als eßbar bezeichnet wurden. Solche Beratungsstellen gibt es an vielen Orten in der Bundesrepublik Deutschland. Man kann sie am zuständigen Landratsamt erfragen. Kostproben, immer nur eine winzige Menge, die man zum Zweck der Bestimmung eines Pilzes versucht, soll man wieder ausspucken, da es sich auch um einen Giftpilz handeln könnte. Nimmt man einen neuen Pilz in seinen Speisezettel auf, so empfiehlt es sich, ihn auf seine persönliche Verträglichkeit zu testen. Wenn man also eine bestimmte Sorte genießbarer Speisepilze erstmals verwendet, dann soll man nicht gleich eine kiloschwere Portion zu sich nehmen, sondern sich beim ersten Versuch mit einer kleineren Menge begnügen. Es kommt nämlich immer wieder vor, daß einzelne Personen allergisch sind, d. h., daß sie eine bestimmte Pilzart, die andere ohne Schaden verzehren, nicht vertragen. Wird aber die kleine Testmenge ohne Beschwerden genossen, dann wird auch eine üppigere Mahlzeit gut ankommen.

Zweifelsohne enthalten eine ganze Anzahl Pilze, namentlich solche, die neben Autobahnen und Straßen wachsen, giftige Schwermetalle (z. B. Quecksilber, Cadmium). Es empfiehlt sich also, Pilze in bescheidenen Mengen und nicht häufig, sondern nur gelegentlich zu verzehren.

Sollten sich trotz aller Sorgfalt nach einer Pilzmahlzeit **Vergiftungserscheinungen** einstellen, so rufe man unverzüglich den Arzt (Notarzt). Zeigen sich die Beschwerden schon bald nach der Mahlzeit, dürfte es sich um eine verhältnismäßig harmlose Erkrankung handeln, die bei entsprechender Behandlung manchmal schlagartig zu beheben ist. Entstehen

die Krankheitserscheinungen aber erst nach 11–12 Stunden, ist mit einer sehr ernst zu nehmenden Knollenblätterpilzvergiftung zu rechnen. Die Menge der verzehrten Pilze sowie der allgemeine Gesundheitszustand sind für den Verlauf mitbestimmend. Es soll nicht verschwiegen werden, daß es auch einen Giftpilz gibt (er wird bei uns nicht gesammelt), der Vergiftungen erzeugt, die sich unter Umständen erst nach 14 Tagen bemerkbar machen, so daß der Zusammenhang zwischen Pilzmahlzeit und Erkrankung gar nicht ohne weiteres einzusehen ist. Deshalb nochmals: Hände weg von unbekannten Arten!
Die meisten »Pilzvergiftungen« entstehen aber gar nicht durch den Genuß von Giftpilzen, sondern dadurch, daß verdorbene Pilze gegessen werden. Die an sich leicht verderblichen Pilze zersetzen sich besonders schnell, wenn man sie in Plastikbeuteln verwahrt, sehr leicht auch im Spätherbst, wenn sie vom Bodenfrost verändert sind. Der behandelnde Arzt wird es begrüßen, wenn Reste der gesammelten Pilze vorgewiesen werden können, weil in diesem Fall die Art der Vergiftung und die entsprechende Behandlung schneller festzulegen sind. Selbst die Angst, die Einbildung, daß man giftige Pilze verzehrt habe, kann das Bild einer scheinbaren Pilzvergiftung hervorrufen. Wenn man so viele Pilze gefunden hat, daß man nicht mehr recht weiß, wohin damit, dann liegt der Gedanke nahe, sie seinen Bekannten zu schenken oder diese zum Pilzessen einzuladen. Das wird dem Gastgeber, den Gästen und den Beschenkten bestimmt eine Freude sein. Aber man lasse sich auf so etwas nur ein, wenn man seiner Pilzkenntnisse hundertprozentig sicher ist.
Man lasse sich durch diese ernsten Hinweise nicht entmutigen! Ein Dutzend kerngesunde Steinpilze lassen das Herz höher schlagen. Aber auch wenn die Ernte geringer ist, bringt eine Pilzsuche nebenbei Gewinn. Man atmet die sauerstoffreiche, staubfreie Waldluft. Ein mehrstündiges Pilzsuchen mit Hunderten von Kniebeugen ist eine ausgiebige Bewegungstherapie. Und schön ist es auch im Wald, sofern man ihn – in Abänderung des bekannten Sprichwortes – vor lauter Pilzen noch sieht. Das Selbstgefundene macht mehr Freude als das, was man auf dem Markt (manchmal vielleicht sogar billiger) erstehen kann.
Die Pilzjagd verlangt eine bestimmte **Ausrüstung.** Eine Pilzbrille, mit deren Hilfe man unweigerlich auch den bestgetarnten Steinpilz erspäht, liefert kein Optiker. Doch schärft sich die Beobachtungsgabe durch Übung merklich. Der Anfänger ist erstaunt, daß der hinter ihm dreingehende Kenner, hier einen Birkenpilz und dort eine Rotkappe aufhebt, die sein ungeschultes Auge einfach nicht bemerkt hat.
Als geeigneter Sammelbehälter empfiehlt sich ein Korb. Plastiktüten

sind, wie schon erwähnt, völlig ungeeignet. Sofern man in deutschen Wäldern sammelt, ist die Jagd weniger gefährlich als in italienischen. Dort empfiehlt man das Tragen eines langen, kräftigen Stockes und das Mitführen eines Serums gegen den Biß von Giftschlangen, das die Apotheken für diesen Zweck bereithalten. Der kräftige Stock ist auch bei uns angebracht, wenn man Wälder durchstreift, die als tollwutgefährdete Gebiete gekennzeichnet sind. Giftpilze sind zwar nicht aggressiv, wohl aber tollwütige Füchse! Die Tollwut wird nur durch den Biß erkrankter Tiere übertragen, nie aber durch einen Pilz, auch dann nicht, wenn ihn ein tollwütiges Tier gestreift hat. Selbst wenn der Speichel eines tollwütigen Tieres an den Pilz gekommen wäre, ist die Übertragung der Tollwut praktisch nicht möglich, denn der Virus stirbt im Licht sehr schnell ab. Es ist kein Fall von Tollwutinfektion durch den Genuß von selbstgesammelten Speisepilzen bekannt geworden.
Die gesammelten Speisepilze reinigt man von anhaftendem Schmutz, Nadeln, Moosen und Schnecken am besten gleich draußen im Wald. Es ist zweckmäßig, die Pilze mit dem Messer zu halbieren, damit man sieht, ob sie nicht weitgehend von Maden zerstört sind. Wirkliche Naturfreunde vermeiden es, daß ihr Pfad durch den Wald von Pilzleichen gesäumt ist. Eine Tageszeitung hat mich einmal gebeten, ich möchte eine Karte zeichnen, in der nicht nur die Wälder, sondern innerhalb dieser mit gewissen Signaturen die Stellen sicherer Speisepilzvorkommen eingetragen wären. Die Abonnenten würden das begrüßen. Diesen Gefallen hätte ich der Zeitung aber auch dann nicht erwiesen, wenn so ein »Pilzatlas« überhaupt möglich wäre. Kein Pilzsammler, der Plätze kennt, von denen er jedes Jahr mit Sicherheit »seine« Steinpilze heimbringt, wird diese Stellen verraten. Im Gegenteil, er wird diese **Fundstellen** nach Möglichkeit tarnen, und wenn ihm jemand gefährlich nahe ins Gehege kommt, wird er so beiläufig in die Unterhaltung einfließen lassen, daß er hier, in diesem Waldstück zwar noch nie etwas gefunden habe, aber daß er auch heute wieder zwei meterlange Kreuzottern aufgestöbert und sich nur durch einen Sprung habe retten können. Lieber wolle er es doch noch mit einem Giftpilz als mit dem Biß einer Giftnatter aufnehmen. Mit Fragen an die Konkurrenz kommt man also nicht in die geeigneten Pilzgründe.
Man muß wissen, wo man zu suchen hat. Natürlich im Wald, obwohl es auch außerhalb der Wälder Pilze gibt, z. B. in Gärten, in Parkanlagen, auf Wiesen, auf Stoppelfeldern, in Sümpfen, auf Brandstellen, auf Bäumen, auf Bauholz, in Kellern, in Bergwerken, ja sogar in Gewächshäusern. Dabei sind fast alle Pilzarten an ganz bestimmte Lebensräume (Biotope) gebunden. Selbstverständlich ist die Pilzflora ferner gelegenerer Länder von unserer heimatlichen verschieden und es sind nur wenige Arten, die

man auf der ganzen Welt antrifft, die sogenannten Kosmopoliten. Besonders reich an Pilzen, wenn man auf die Menge, nicht auf die Artenzahl sieht, sind sandige Kiefernwälder. Andere Arten gedeihen in Fichtenwäldern. Lärchenwälder haben eine Pilzflora, die sonst nirgends zu finden ist. Besonders artenreich sind unsere Buchenwälder. Auenwälder, die die großen Flußläufe säumen, bescheren bereits im Frühjahr eine Morchelernte. Der erfahrene Sammler wird es nicht unterlassen, einzelne Gruppen von Eichen oder Birken, die in die Waldung eingestreut sind, aufzusuchen; denn es gibt Pilze, die nur unter diesen Baumarten zu finden sind.

Immer wieder taucht der Wunsch auf, Pilze im eigenen Garten zu züchten. Aber »Pilzsamen« bekommt man in keiner Samenhandlung. Alle Versuche, auf diese Weise zu bequemen Pilzernten zu kommen, sind bis jetzt fehlgeschlagen. Nur wenige, auf Holz wachsende Pilze, lassen sich auf geeigneter Unterlage züchten.

Ebenso wichtig, wie die Frage nach dem Pilzeldorado, dem fabelhaften Goldreich der Schwammerlsucher, ist das Wissen, wann man in dieses Land der Pilzträume eindringen soll.

Die eigentliche **Pilzsaison,** in der die meisten Schwämme wachsen, während der sie auch auf den Märkten angeboten werden, dauert, – von Jahr zu Jahr natürlich etwas schwankend – etwa von Mitte Juli bis Mitte Oktober. Schon der März bietet einen kulinarischen Leckerbissen an, den sogenannten Märzellerling *(Hygrophorus marzuolus),* dem besonders in der Schweiz mit Eifer nachgestellt wird. April und Mai sind die Monate, in denen man die Auenwälder nach Morcheln *(Morchella)* absucht. Im Juni ist die Zeit der farbenprächtigen Täublinge *(Russula).* In den folgenden vier Monaten kommt dann aus dem Waldboden die verwirrende Vielzahl der Arten. Aber selbst im November, wenn die ersten Fröste schon das Ende der Pilzzeit anzeigen, findet man den Frostrasling *(Lyophyllum)* und den Schneepilz *(Hygrophorus).* Während der Wintermonate, besonders wenn diese durch Tauwetterperioden in ihrer Kälte gemildert sind, sucht der Kundige den Winterrübling *(Flammulina velutipes).* Ist im Januar und Februar alles zu Eis erstarrt, dann forscht der Pilzfreund, dem die Sache bereits zur Leidenschaft geworden ist, nach Baumschwämmen, die auch im Herbst nicht absterben, sondern oft über viele Jahre ausdauern.

Mancher Pilzsucher startet schon im Morgengrauen, damit ihm nicht ein Frühaufsteher die Steinpilzplätze aberntet. Sofern der Verdacht berechtigt ist, kann gegen den Aufbruch bei Dunkelheit kein gewichtiges Argument formuliert werden. Wer aber mehr Pilze kennt, vielleicht gar um die 60 Arten, der kann auch dann mit seiner Exkursion beginnen, wenn der

andere vom Walde heimkommt. So begehrt der Steinpilz auch sein mag, der Kundige findet auch in den Vormittagsstunden einige Arten, die dem Steinpilz ebenbürtig sind, oder ihm im Geschmackswert nahekommen. Trotzdem ist mancher auch während der Pilzhochsaison mit leerem Korb und enttäuschtem Herzen aus dem Wald zurückgekehrt, weil er nicht das Geringste gefunden hat. Es war ihm nämlich nicht bewußt, daß die Pilze sehr von der herrschenden Witterung abhängig sind. Bei länger anhaltender Trockenheit und Hitze, wenn über Mitteleuropa ein Hochdruckgebiet liegt und wenn ausgesprochenes Badewetter herrscht, hat es keinen Sinn, den Pilzen nachzulaufen. Zu dieser Zeit ist es besser, der Lockung des nächsten Ufers oder Strandes zu folgen. Pilze brauchen nämlich, um wachsen zu können, sehr viel Feuchtigkeit.
Ein verregneter Sommer, wenn ein Tiefdruckgebiet nach dem anderen über Mitteleuropa hinwandert, nur von kurzen Zwischenhochs unterbrochen, das ist **das ideale Pilzwetter,** so unerwünscht es anderen auch sein mag. Gute und schlechte Pilzjahre wechseln ab. Doch selbst eines, das schwer enttäuscht hat, entschädigt oft noch dadurch, daß im Herbst, bei hoher Luftfeuchtigkeit und Nebelbildung noch eine Spätlese möglich wird.
Gewissenhafte, naturliebende Pilzfreunde scheuen sich, den ganzen Pilz aus dem Waldboden herauszunehmen, sondern schneiden den Stiel ab, um das unterirdische Pilzgeflecht, das Mycel, nicht zu schädigen. Das ist anerkennenswert. In solchen Fällen aber, wo das untere Stielende die entscheidenden Erkennungsmerkmale zeigt, wie das z. B. bei den Knollenblätterpilzen *(Amanita phalloides und virosa)* oder bei dem Karbolegerling *(Agaricus xanthoderma)* der Fall ist, kann man das Abschneiden nicht unbedingt gutheißen. Keinesfalls sollte es vorkommen, daß die schützende Moosdecke in großen Mengen abgehoben wird, um darunter befindliche Jungpilze zu entdecken.
So trefflich ein Pilzbuch bebildert und so eingehend seine Beschreibungen auch sein mögen, wenn man die Möglichkeit hat, sollte man mit einem Pilzkenner durch den Wald gehen. Man wird mit ihm über einen Pilzverein oder eine Pilzberatungsstelle bekannt.
Um die nachfolgende Beschreibung der Arten richtig zu verstehen, ist es notwendig, einige **Fachausdrücke** zu kennen. Die meisten der dargestellten Pilze weisen einen Hut (Kappe) und einen Stiel auf. Wichtig für das Erkennen eines Pilzes sind die Eigenschaften des Hutes, seine Größe, seine Gestalt, seine Farbe, ob er glatt oder schuppig, trocken oder klebrig, gebuckelt oder trichterförmig, filzig oder samtig ist. Auch dem Hutrand ist Beachtung zu schenken. Er kann abgerundet oder scharf, gerieft oder behangen sein. Von wesentlich ausschlaggebenderer Bedeutung ist

aber die Hutunterseite. Man muß also den Hut umdrehen und von unten in ihn hineinblicken. Da zeigen sich nun grundlegende Unterschiede. Vielfach besteht die Hutunterseite aus Blättern, vom Fachmann auch Lamellen genannt. Der Pilz gehört demnach zu den Blätterpilzen. Die Gestalt und Farbe der Lamellen, die Art, mit der sie mit dem Stiel in Verbindung stehen, die Beschaffenheit ihrer Schneide sind mannigfaltig und für die Erkennung der Art ausschlaggebend.

Andere Pilze tragen statt der Lamellen eine dichtgefügte Röhrenschicht, z. B. der Steinpilz. Volkstümliche Bezeichnungen dafür sind »Moos« oder »Futter«. So ausgestattete Pilze gehören zu den Röhrlingen. Eine dritte Gruppe zeigt an der Hutunterseite eine Unzahl von kurzen Stacheln, die einem Stoppelfeld ähnlich sehen. Man bezeichnet sie als Stachelpilze. Stiellose Baumschwämme weisen auf der Hutunterseite Poren auf, die wie feine Nadelstiche aussehen. Man rechnet sie deshalb zu den Porlingen. Schließlich gibt es auch Hutpilze, bei denen die sporenabsondernde Schicht *(Hymenium)* völlig glatt ist.

Die Sporen kann man ohne Mikroskop nicht sehen, denn sie erreichen nur eine Größe von wenigen Tausendstel Millimetern. Aber viele Hunderttausende von Sporen sind als Sporenstaub auch dem unbewaffneten Auge sichtbar. Um ihn zu beobachten, trennt man den Stiel vom Hut und legt diesen mit der sporenerzeugenden Schicht nach unten auf ein Blatt weißes Papier. Am anderen Morgen ist die Unterlage dann von einem braunen, rötlichen, schwarzen, violetten oder weißen Staub bedeckt, der aus einer unvorstellbaren Menge von Sporen besteht. Die Farbe des Staubes ist ein Hinweis auf die Zugehörigkeit des Pilzes zu einer bestimmten Pilzfamilie. In vielen Fällen stimmt die Farbe des Staubes mit der der Lamellen überein.

Die genaue Betrachtung des Stieles gibt weitere Erkennungsmerkmale. Abgesehen von der Länge und Dicke, kommt es darauf an, ob der Stiel schleimig oder trocken, schlank oder bauchig, hohl oder vollfleischig, bereift oder glänzend ist. Manche Pilze tragen am Stiel ein häutiges Gebilde, das Ring oder Manschette genannt wird. Es bedeckte im Jugendzustand als besonderer Schutz Lamellen oder Röhren und heißt *Velum partiale.* Bei den Haarschleierlingen *(Cortinarius),* zieht sich vom Hutrand zum Stiel ein Schleier aus feinen Haaren. Ganz besonders ist darauf zu achten, ob der Stiel an seinem unteren Ende aus einer häutigen Hülle, einer Scheide herauswächst. Diese Scheide und Hautreste auf der Kappe des Pilzes hüllen den jungen Pilz vollständig ein. Man bezeichnet sie als *Velum universale.*

Hut und Stiel bilden den Fruchtkörper des Pilzes. Die eigentliche Pilzpflanze, das Mycel, aus einer Spore hervorgegangen, ist ein unterirdisch

lebendes Fadengeflecht, das eine scheinbare Ähnlichkeit mit Pflanzenwurzeln hat.
Eine besondere Schwierigkeit bei der richtigen Bestimmung eines Pilzes bildet der Umstand, daß viele Pilze in ihrem Jugendstadium wesentlich anders aussehen als der fertig ausgebildete Pilz. Ein junger Fliegenpilz und ein ausgewachsener haben kaum mehr Ähnlichkeit als zwei Photos eines Menschen im Alter von 3 Monaten und 30 Jahren. Ganz sicher kennt man eine Art erst dann, wenn man sie in allen Stadien ihrer Entwicklung, vom ersten Erscheinen bis zu ihrem Vergehen beobachtet hat.
Schließlich darf man nicht vergessen, daß ein Pilz nicht immer die im Pilzbuch dargestellte typische Erscheinung hat, sondern daß er je nach Wetter und Standort ein abweichendes Aussehen annehmen kann.
Pilze und Bäume fördern sich gegenseitig in ihrem Wachstum. Manche Pilze stehen in enger Lebensgemeinschaft mit bestimmten Baumarten. Wo keine Lärche steht, kann z. B. auch kein Goldröhrling *(Suillus grevillei)* wachsen. Werden Pilze durch zu intensives Sammeln in einem Waldstück ausgerottet, so leiden auch der Baumbestand und der Waldboden darunter. Das einschlägige italienische Landesgesetz vom 28. 6. 1972 für bestimmte Regionen sagt deshalb in Art. 2: »Je Tag und Person dürfen höchstens 2 kg Pilze, auch wenn es sich um nicht eßbare handelt, gesammelt werden.« Soll es bei uns auch soweit kommen?
Die reichlicher bemessene Freizeit, die Möglichkeit, mit dem Auto schnell den Wald zu erreichen, haben dazu geführt, daß Pilzesammeln zum »Volkssport« geworden ist. Man unterlasse es, unbekannte Pilze umzustoßen, zu zertreten, verschone zu junge, kleine Exemplare ebenso wie alte, zerfressene und angefaulte, die nur unseren Korb belasten und daheim dann doch in den Mülleimer wandern. Die in der ersten Hälfte unseres Jahrhunderts geschriebenen Pilzbücher waren alle in der wohlmeinenden Absicht verfaßt worden, den Pilzsucher vor Erkrankung und Tod durch Giftpilze zu bewahren. Heute aber überlegen Umwelt- und Naturschutz, wie die Pilze vor der Unvernunft gedankenloser Naturfreunde zu schützen sind. Beiden, den Pilzfreunden und den bedrohten Pilzen möchte dieses Buch helfen.

Alle wichtigen Pilze nach Farbfotos bestimmen

Die Reihenfolge der Arten entspricht der wissenschaftlichen Systematik.

Zeichenerklärung:

Eßbar

Giftig

Man beachte den Text, besonders den Abschnitt »Verwendung«

Steinpilz

Boletus edulis Bull. ex Fr.

Steinpilz, Fliegenpilz und Eierschwamm sind wohl die Pilze, die fast jeder kennt. Der Steinpilz ist darüber hinaus das Urbild, der Prototyp des eßbaren Pilzes, kenntlich am braunen Hut, der Röhrenschicht und dem unveränderlich weißen Fleisch. Je mehr sich ein Pilz von diesem Aussehen entfernt, desto verdächtiger erscheint er dem Unkundigen, so daß Pilze mit roten, blauen, oder gar grünen Farben, mit Lamellen an der Unterseite oder gar solche mit verfärbendem Fleisch als Speisepilze abgelehnt werden, wenn auch sicher zu Unrecht. Der Steinpilz und die folgenden 15 Arten sind Röhrlinge. Das will besagen, daß das Hymenium bei ihnen in der Form von Röhren ausgebildet ist, die sich an der Unterseite des Hutes befinden und in denen die Sporen erzeugt werden. – **Merkmale:** *Hut:* Er ist kugelig und polsterförmig, anfangs sehr hell und wird später braun und runzelig. *Röhren:* Sie sind beim Jungpilz fast weiß, werden mit dem Altern gelblich und bekommen schließlich einen olivgrünlichen Ton. *Stiel:* Derb, keulig, von graubräunlicher Farbe. Bei genauem Betrachten erkennt man ein sehr zartes, hellbräunliches Netz. *Fleisch:* Unveränderlich weiß und fest. Die Partien unterhalb der Huthaut sind manchmal bräunlich gefärbt. – **Vorkommen:** Wächst sowohl in Laub- als auch in Nadelwäldern, besonders gerne an den Rändern. Vom Juli bis in den Spätherbst zu finden. In der Nähe der Großstädte ist er manchmal fast ausgerottet. In guten Pilzjahren wird er dann doch noch in Mengen gefunden. – **Verwechslung:** Wird häufig mit dem Gallenröhrling (siehe nächste Tafel!) verwechselt. – **Verwendung:** Der Steinpilz ist ein hochgeschätzter, vielgesuchter Speisepilz, dem auch die Tiere nachstellen. Ältere Stücke sind meist stark von den Maden der Pilzmücken zerfressen. Er eignet sich für die verschiedensten Zubereitungsarten. – **Verwandte:** Wenn man schon Anfang Juli Steinpilze findet, dann handelt es sich um den Sommersteinpilz, *Boletus aestivalis* Paulet ex Fr. Sehr dunkelhütige Steinpilze, mit einem rotbraunen Netz, welche meistens in Föhrenwäldern wachsen, bezeichnet man als Kiefernsteinpilze, *Boletus pinicola* Vitt. Beide Arten sind wohlschmeckende Speisepilze. Andere Röhrlinge der Gattung *Boletus,* die dem Steinpilz ähnlich sind, gehören zu den Seltenheiten, die man schon aus Gründen des Naturschutzes nicht in der Küche verwenden soll.

Gallenröhrling

Tylopilus felleus (Bull. ex Fr.) Karst.

Alljährlich bekommt man auf den Beratungsstellen die Klage zu hören, daß heuer die Steinpilze so bitter schmecken und ob das vielleicht mit der Witterung oder gar mit der nuklearen Verseuchung der Luft zusammenhänge. Die Antwort lautet, daß keine der beiden Vermutungen zutreffe, sondern daß versehentlich einer oder mehrere Gallenröhrlinge in das Pilzgericht gekommen sind. – **Merkmale:** Der Gallenröhrling sieht dem Steinpilz tatsächlich täuschend ähnlich, besonders wenn es sich um noch junge Exemplare handelt. *Hut:* In der Größe wie der Steinpilz, hellbraun gefärbt, etwas filzig, bei trockener Witterung mit einem Netz feiner Risse. *Röhren:* Anfangs weiß, wie beim Steinpilz. Später werden die Röhren blaßrosa. Sie wölben sich auf der Unterseite des Hutes bauchig vor. Beim Steinpilz dagegen geht die Verfärbung der Röhren von Weiß über Gelb nach Grünlich. *Stiel:* Nicht so bauchig wie beim typischen Steinpilz, sondern schlanker. Der Stiel hat ein auffallendes, zuletzt fast dunkelbraunes, großmaschiges Netz. *Fleisch:* Weiß, kernig, ohne auffallenden Geruch. Eine kleine Kostprobe zeigt aber, daß der Pilz unangenehm bitter schmeckt. Das gilt auch von ganz jungen Exemplaren, bei denen die Kostprobe das allein entscheidende Merkmal ist. – **Vorkommen:** Der Gallenröhrling ist ein ziemlich häufiger Pilz, der gerne in Nadelwäldern gedeiht. Man trifft ihn im Sommer und auch im Herbst. – **Verwechslung:** Gallenröhrlinge, namentlich junge Exemplare, sind nur durch die Geschmacksprobe von Steinpilzen zu unterscheiden und gelangen immer wieder versehentlich in die Körbe der Sammler. – **Verwendung:** Der Gallenröhrling ist kein Giftpilz. Aber schon ein einziges Stück kann eine vorzüglich bereitete Pilzmahlzeit so verderben, daß sie ungenießbar wird. Alle Versuche, den Pilz zu entbittern, haben zu keinen brauchbaren Ergebnissen geführt. Manchmal sind auf den Beratungsstellen schon Tränen voller Enttäuschung geflossen, weil man einer Sammlerin beteuern mußte, daß sie ihre stolze »Steinpilzernte« in den Mülleimer werfen müsse. Den Gallenröhrling, den Doppelgänger des Steinpilzes, sollte jeder Pilzsammler genau kennen. – **Merke:** Alle Pilze, die einen bitteren Geschmack haben, eignen sich nicht als Speisepilze.

Netzstieliger Hexenröhrling

Boletus luridus Fr.

Die beiden abgebildeten Hexenröhrlinge und der Satanspilz sind in älteren Pilzbüchern nicht streng auseinandergehalten worden und wurden öfters verwechselt. Über den Speisewert der früher als giftig beschriebenen Pilze, war man sich nicht klar. Schon der Name Hexenröhrling und die roten Farbtöne des Pilzes, sowie die auffallende Blaufärbung des Fleisches beim Zerschneiden des Pilzes waren verdächtig. – **Merkmale:** *Hut:* Er ist zuerst halbkugelig, wird dann allmählich flach, erreicht einen Durchmesser von durchschnittlich 12 cm, aber auch mehr. Seine Färbung wechselt zwischen hellen und dunkleren Brauntönen. *Röhren:* Sie werden ungefähr 2 cm lang und ihre Mündungsfläche zeigt ein kräftiges Rot, das beim Altern des Pilzes allmählich verblaßt. Wenn man die Mündungsfläche drückt, dann verfärbt sie sich blau. *Stiel:* Zuerst kräftig, bauchig, später etwas schlanker. Ein auffallendes Merkmal ist eine klare, netzartige Zeichnung auf dem Stiel. Seine Grundfarbe ist ein blasses Gelb, auf dem das rotbräunliche Maschenwerk des Netzes zu sehen ist. *Fleisch:* Gelblich, im Stielgrund jedoch meist deutlich rötlich gefärbt. Je nach dem Wassergehalt des Pilzes verfärbt sich das Fleisch beim Anschneiden mehr oder minder blau, um schließlich in Blaßgrau zu entfärben. Beim Durchschneiden des Pilzes entsteht zwischen Röhren und Hutfleisch eine rote Linie, die alsbald verblaßt. – **Vorkommen:** Ein häufiger Pilz, gerne in kalkhaltigen Buchenwäldern, im Sommer und im Herbst. – **Verwechslung:** Mit dem unten beschriebenen Flockenstieligen Hexenröhrling. – **Verwendung:** Galt früher als giftig. Das stimmt, sofern er roh genossen wird. Wenn er aber ausreichend gekocht ist, zählt er zu den guten Speisepilzen. Nur empfindliche Personen reagieren mit Darmerkrankungen.

Flockenstieliger Hexenröhrling

Boletus erythropus Fr.

Hat mit dem netzstieligen Hexenröhrling große Ähnlichkeit. Aber auch der Anfänger kann ihn leicht erkennen. Er hat nämlich am Stiel nicht die erwähnte Netzzeichnung, sondern ist mit feinen, rötlichen Flocken bedeckt. Auch die erwähnte rote Linie ist nicht vorhanden. In Wohlgeschmack übertrifft er den Netzstieligen Hexenröhrling und wird vielfach sogar mehr geschätzt als der Steinpilz.

Satansröhrling

Boletus satanas Lenz

Viele Pilzsammler sind der Meinung, daß sie den Satanspilz schon oft gefunden hätten. Prüft man aber nach, was sie gebracht haben, dann stellt sich heraus, daß es in fast allen Fällen einer der beiden Hexenröhrlinge war. (Siehe vorausgehende Tafel!) Der Satansröhrling ist nämlich kein häufiger Pilz und fehlt in vielen Gebieten. – **Merkmale:** *Hut:* Bis zu 25 cm im Durchmesser. Besonders bezeichnend ist seine auffallend helle, weißliche, ins Oliv spielende Hutfarbe. *Röhren:* Gelblich, im Alter mehr olivgrün, bei Verletzung blauend. Die Mündungen sind nur beim jungen Pilz gelblich, beim ausgewachsenen Pilz jedoch blutrot. Bei älteren Pilzen verlieren sie die anfängliche Leuchtkraft. Die Röhren sind vom Hutfleisch sehr leicht abzulösen. *Stiel:* Er ist besonders dick und knollig. Im Verhältnis zum Hut erscheint er auffallend kurz. Kennzeichnend ist ein rotes Netz auf gelblichem Grund. *Fleisch:* Das anfangs kernige und feste Fleisch läuft beim Anschneiden bläulich an, doch niemals so kräftig, wie bei den Hexenröhrlingen. Es hat auch schon bei Jungpilzen einen unangenehmen Geruch, der sich mit dem Altern verstärkt und dann widerwärtig an Aas erinnert. – **Vorkommen:** Der Satansröhrling gehört zu den seltenen Pilzarten. Am häufigsten findet man ihn, immer in kleinen Gruppen, auf Kalkböden in Buchenwäldern, gelegentlich auch anderen Laubwäldern. – **Verwechslung:** Wird häufig mit den beiden Hexenröhrlingen verwechselt, die sich durch das starke Blauen des Fleisches unterscheiden. – **Verwendung:** Der Satanspilz ist ein gefährlicher Giftpilz, der schwere Erkrankungen hervorrufen kann. Es ist aber kein einziger Fall bekanntgeworden, daß eine Vergiftung durch den Satansröhrling zum Tode geführt hätte. Der abschreckende Name ist trotzdem begründet. – **Verwandte:** Es gibt vier Röhrlingsarten, die mit dem Satanspilz eng verwandt und ihm ähnlich sind. Es handelt sich bei diesen Pilzen um Seltenheiten, die für den praktischen Pilzsammler wenig Bedeutung haben, z. B. den Rosahütigen Röhrling, *Boletus rhodoxanthus* Kbch. und den Purpurröhrling, *Boletus purpureus* Fr.

Die Faustregel, daß es unter den Röhrlingen keinen tödlich giftigen Pilz gibt, ist richtig. Allerdings muß man wissen, daß es unter den Röhrlingen auch bittere Arten gibt, die sich nicht für den Kochtopf eignen.

Maronenröhrling

Xerocomus badius Fr.

Der Maronenröhrling und die beiden folgenden Pilze, Ziegenlippe und Rotfußröhrling, sind zwar auch Röhrlinge, sie weichen aber von den eigentlichen Boleten doch in wesentlichen Merkmalen ab. Sie sind bei trockenem Wetter nie schmierig, haben größere Porenöffnungen an den Röhrenmündungen, sind nie so fleischig, also auch nicht so ergiebig wie die Boleten und haben einen wesentlich schlankeren Stiel. Es ist daher begreiflich, daß jüngere Mykologen sie in einer eigenen Gattung, nämlich *Xerocomus,* von den Boleten abgetrennt haben. – **Merkmale:** *Hut:* Gewöhnlich 5–12 cm Durchmesser, größere Ausmaße kommen vor, sind aber selten. Die Kappe ist zuerst halbkugelig, später flacher, gelegentlich in der Hutmitte sogar etwas vertieft. Die Hutfarbe ist braun, erinnert deutlich an die Samenschale der Marone, der eßbaren Kastanie, daher der Name des Pilzes. *Röhren:* Sie erreichen eine Länge von über einem Zentimeter, verfärben allmählich von Gelb auf Grün. Rund um den Stiel sind sie deutlich vertieft. Wenn man mit dem Finger gegen die Röhrenschicht drückt, verfärbt sie sich an dieser Stelle blau. Bei sehr trockenem Wetter verläuft diese Farbreaktion nur schwach. *Stiel:* Ungefähr 8 cm lang und 2 cm breit, am Stielende oft ausspitzend, weißlich bis schwach bräunlich gefärbt, aber niemals mit einer Netzzeichnung. *Fleisch:* Weiß, aber leicht blau verfärbend, jung kernig mit angenehmen Geruch und Geschmack. – **Vorkommen:** Der Maronenröhrling ist ein sehr häufiger Pilz. Er gedeiht in Nadel-, Laub- und auch Mischwäldern. Eine besondere Vorliebe scheint er für 60–70jährige Fichtenbestände zu haben, wo er am Grunde der Stämme, oft zwischen den Wurzelanläufen wächst. – **Verwechslung:** Junge Maronenröhrlinge können mit Gallenröhrlingen (S. 16) verwechselt werden. Sofern der Maronenröhrling seine typische Gestalt aufweist, ist er leicht kenntlich. Gerade dieser Pilz variiert aber ungewöhnlich stark, weniger in der Farbe als in der Form. Da gibt es überschlanke Exemplare mit langem, nur 5 mm dickem Stiel, gelegentlich aber auch »untersetzte Dickbäuche«, so daß man glaubt, eine andere Art vor sich zu haben. Ein der Marone ähnlicher Pilz, der aber ungewöhnlich stark und schnell blau verfärbt, ist der eßbare Schwarzblauende Röhrling, *Boletus pulverulentus,* Opat. – **Verwendung:** Der Maronenröhrling ist ein begehrter Speisepilz, der in Gegenden, in denen der Steinpilz selten geworden ist, für diesen einen fast vollwertigen Ersatz bietet.

Ziegenlippe

Xerocomus subtomentosus (L. ex Fr.) Quel.

Ziegenlippe und Rotfußröhrling sind wie der Maronenröhrling Filzröhrlinge. Dem Anfänger fällt die Unterscheidung der beiden nahverwandten Arten nicht leicht. – **Merkmale:** *Hut:* Wird bis 10 cm breit und fühlt sich, weil feinfilzig, wie Wildleder an, Braun mit einem Stich nach Olivgrün. Die Huthaut ist nicht abziehbar. *Röhren:* bis 2 cm lang, vom Hut leicht ablösbar. Die Röhrenmündungen sind leuchtend gelb und verhältnismäßig weit. *Stiel:* Bis 10 cm lang, bis 2 cm dick, schlank, manchmal gekrümmt, bräunlich, nie aber so kräftig rot wie beim Rotfußröhrling. *Fleisch:* Weiß, schwammig, beim Anschneiden sich nur wenig in der Farbe verändernd, höchstens schwach blauend, mild schmeckend. – **Vorkommen:** Die Ziegenlippe ist ein häufiger Pilz, der im Sommer und im Herbst sowohl im Nadel- wie im Laubwald, meist einzeln, vorkommt. – **Verwechslung:** Wird leicht mit dem Rotfußröhrling verwechselt. Da beide Pilze eßbar sind, ist das praktisch ohne Bedeutung. – **Verwendung:** Junge Ziegenlippen sind gute Speisepilze. Ältere Exemplare werden oft von Schimmelpilzen befallen und sind dann gesundheitsschädlich.

Rotfußröhrling

Xerocomus chrysenteron (Bull. ex St. Amans) Quel.

Merkmale: *Hut:* Schmächtiger als die Ziegenlippe, bis 7 cm breit. Die Hutfarbe wie bei der Ziegenlippe. Meistens ist die Huthaut infolge von Trockenheit durch Risse felderig gespalten. An Fraßstellen von Schnekken sieht unter der Haut das gerötete Fleisch durch. *Röhren:* Gelb, aber nicht so leuchtend wie bei der Ziegenlippe, sondern mehr grünlichgelb. *Stiel:* Bis 7 cm lang und über 1 cm dick. Bei typischen Exemplaren ist er kräftig rot, daher der Name Rotfußröhrling. Dieser Pilz erscheint im Herbst in einer zweiten Generation, die im Aussehen etwas abweicht, z. B. kaum Rot am Stiel aufweist. *Fleisch:* Sehr weichfleischig, anfangs blaßgelb, dann rötend und blauend. – **Verwendung:** Junge Pilze, namentlich die Herbstpilze, sind schmackhaft. Alte, häufig verschimmelte Exemplare sind zu meiden. Der Pilz ist besonders für Mischgerichte geeignet. – **Verwandte:** Die beschriebenen Filzröhrlinge haben noch ein halbes Dutzend, meist seltener Verwandten. Einer davon, der Schmarotzerröhrling (*Xerocomus parasiticus* Bull. ex Fr.) Quel. ist mit dem Kartoffelbovist abgebildet.

Butterpilz
Suillus luteus (L. ex Fr.) Gray

Der Butterpilz und die folgenden vier Arten sind Röhrlinge, die in ihrer Tracht sowohl von den eigentlichen Boleten, wie auch von den Filzröhrlingen deutlich abweichen. Sie wachsen niemals anders als in Lebensgemeinschaft (Mykorrhiza) mit Bäumen, und zwar immer mit zweinadeligen Kiefern, also der Föhre (*Pinus silvestris* L.) und der Bergkiefer (*Pinus montanus* Mill.). Teilweise sind sie mit einem Velum ausgestattet und tragen deshalb am Stiel einen Ring. Der Hut ist meistens schmierig, daher der Name Schleimröhrlinge. Selbst in trockenen Witterungsabschnitten kleben deshalb auf dem Hut meist Reste von abgefallenen Föhrennadeln, Blättern und Grashalmen. – **Merkmale:** *Hut:* Bis 12 cm breit, zuerst halbkugelig, dann ausgebreitet, mit einer dicken Schleimschicht überzogen. Diese schleimige Haut kann leicht abgezogen werden. Zuerst schokoladebraun, später heller gefärbt. *Röhren:* Erst buttergelb, später olivgelb, mit fünf- bis sechseckigen Poren, leicht am Stiel angewachsen. *Stiel:* Verhältnismäßig kurz, kaum mehr als 6 cm hoch. Am oberen Ende ist der Stiel mit feinen, braunen Pünktchen besetzt, die als Sporenhäufchen gedeutet werden. Sehr auffallend ist ein deutlicher, häutiger Ring, der zuerst weiß ist, allmählich violettbraun wird und sich am Stiel anklebt. *Fleisch:* Sehr weich, weiß, mit angenehmem, säuerlichem Geschmack. Es ist häufig von den Maden der Pilzmücken stark zerfressen. Über den Röhren ist es deutlich zitronengelb. – **Vorkommen:** Vom Sommer bis in den Herbst, namentlich in Kiefernwaldungen ein häufiger Pilz. – **Verwechslung:** Man achte auf den bei Röhrlingen nicht häufigen Besitz eines Ringes, die überaus schleimige Hutbekleidung und das gelbliche Fleisch! Es gibt keine giftigen, gefährlichen Schleimröhrlinge. – **Verwendung:** Der Butterpilz gehört zu den wohlschmeckenden Speisepilzen. Er verdirbt besonders rasch und muß deshalb sehr bald verbraucht werden. Es ist zweckmäßig, den Pilz schon am Standort zu reinigen, indem man seine klebrige Haut abzieht. Das wirkt sich auch insofern vorteilhaft aus, als dann andere im Korb befindliche Pilze nicht mit den Butterröhrlingen verkleben, schmierig, glitschig und unappetitlich werden. Es mag von Interesse sein, daß der durch Kiefernpflanzungen weit verbreitete Pilz in Amerika den Namen »Slippery Jack«, »Schlüpfriger Johann« besitzt.

Goldröhrling

Suillus grevillei (Klotzsch) Singer

Merkmale: *Hut:* Goldgelb, klebrig, mit leicht abziehbarer Oberhaut: *Röhren:* Sie sind anfangs gelb, grauen dann leicht und laufen am Stiel etwas herab. *Stiel:* Bis 12 cm lang, vollfleischig, fast etwas biegsam, Hutrand und Stiel sind in der Jugend mit einem weißen, häutigen Schleier verbunden, der beim Aufschirmen des Hutes abreißt und am Stiel einen auffallenden Ring zurückläßt. *Fleisch:* Weiß bis gelblich, ziemlich weich, undeutlich verfärbend, mit angenehmem Geruch und Geschmack. – **Vorkommen:** Der Goldröhrling ist ein Lärchenbegleiter, was besagen will, daß er nur in Verbindung mit der Lärche (*Larix decidua* Mill.) auftritt. Man findet ihn deshalb vorwiegend in Gebirgswäldern, namentlich in den Alpen, aber auch überall dort, wo die Lärche forstlich eingebracht ist, auch unter einzelnen Bäumen. – **Verwechslung:** Unter Lärchen wächst auch der Rostrote Lärchenröhrling, *Suillus tridentinus* (Bres.) Singer, welcher ähnlich und ebenfalls eßbar ist. – **Verwendung:** Der Goldröhrling ist ein ausgezeichneter Speisepilz, der gut zum Braten geeignet ist.

Körnchenröhrling

Suillus granulatus L. ex. Fr.

Der Körnchenröhrling ist auch ein Schmierröhrling, weist aber keinen Ring auf. Sein Name ist darauf zurückzuführen, daß der obere Teil des Stieles mit feinen, gelblichen bis braunen Wärzchen besetzt ist. – **Merkmale:** *Hut:* Jung halbkugelig, später abgeflacht und dann bis 12 cm breit. Der Rand ist anfangs etwas eingerollt. Die Hutfarbe entwickelt sich von Rotbraun nach Gelbbraun. Die Kappe ist mit einer sehr schleimigen Haut bedeckt, die man leicht abziehen kann. *Röhren:* Gelblich, später gelbbraun, ihre Porenmündungen sind rundlich, kaum mehr als 1 mm weit. Eine auffallende Besonderheit sind die zahlreichen Milchtröpfchen, die von der Röhrenschicht abgeschieden werden. *Stiel:* Festfleischig, gelblich, bis 6 cm lang, stets ohne Ring. *Fleisch:* Weiß, allmählich zitronengelb, ändert beim Anschneiden seine Farbe nicht, riecht angenehm und schmeckt leicht säuerlich. – **Vorkommen:** Ein sehr häufiger Pilz, den man vom Sommer bis in den Herbst, immer bei Kiefern wachsend, findet. – **Verwechslung:** Man achte auf Körnchen und Milchtröpfchen! – **Verwendung:** Ein ausgezeichneter Speisepilz.

Sandröhrling

Suillus variegatus (Sow. ex Fr.) Kuntze

Der Sandröhrling ist zwar auch ein Schmierröhrling, zeigt aber nur bei feuchtem Wetter dessen typische Eigenschaften. Trocken gleicht er eher einem Filzröhrling. – **Merkmale:** *Hut:* Bis 12 cm Durchmesser, nur feucht schmierig, gelbbräunlich. *Röhren:* Über 1 cm lang, mit olivgrünem Farbton, Röhrenmündungen sehr fein. *Stiel:* Glatt und fest, bis 10 cm lang und bis 2 cm dick, hellbräunlich. *Fleisch:* Gelblich, verfärbt sich kaum merklich, mit einem auffallenden säuerlichen Geruch, an dem allein ihn erfahrene Pilzkenner identifizieren können. – **Vorkommen:** Ein sehr häufiger Pilz, mit der Kiefer, der er vom Flachland bis ins Gebirge folgt, in einer Lebensgemeinschaft (Mykorrhiza) verbunden. – **Verwechslung:** Man achte auf den typischen Geruch und die Röhrenfarbe! – **Verwendung:** Der Sandröhrling ist ein Speisepilz, der im Vergleich mit anderen Röhrlingen, besonders Boleten, geringwertig ist. Man verwende nur junge, festfleischige Pilze als Bestandteil von Mischgerichten! – **Verwandte:** Der Pfefferröhrling, *Suillus piperatus* (Bull. ex Fr. Kuntze), mit pfefferartigem Geschmack und gelbem Stielende, eignet sich als Würzpilz.

Kuhröhrling

Suillus bovinus (L. ex Fr.) Kuntze

Der Kuhröhrling wächst mit dem Rosenroten Schmierling, *Gomphidius roseus* (L.) Fr. in so enger Gemeinschaft, wie es die Abbildung zeigt. – **Merkmale:** *Hut:* Bis 10 cm breit, wellig-flatterig, schmierig, oft zusammengewachsen. *Röhren:* Ziemlich kurz, vom Hut nicht abtrennbar, olivfarben. *Stiel:* Bis 6 cm lang, mehrere büschelig verwachsen, zäh bis elastisch, gelblich, am unteren Ende oft rot. *Fleisch:* Gelblich, weich, auffallend elastisch, gummiartig. Ein zusammengedrückter Hut nimmt seine ursprüngliche Form wieder an. – **Vorkommen:** Sommer bis in den Spätherbst, hauptsächlich in sandigen Kiefernwäldern, aber auch auf Alpweiden vordringend. – **Verwechslung:** Durch den auffallend elastischen Hut leicht von anderen Schmierröhrlingen zu unterscheiden. Könnte mit dem Erlengrübling, *Gyrodon lividus* (Bull. ex Fr.) Sacc., verwechselt werden, der aber unter Erlen *(Alnus)* wächst, also meist in flußbegleitenden Auwäldern und ebenfalls gegessen werden kann. – **Verwendung:** Wegen seiner gummiartigen Beschaffenheit nicht sehr geschätzt, aber wie der Rosenrote Schmierling als Mischpilz geeignet.

Birkenpilz

Leccinum scabrum (Bull. ex Fr.) Gray

Wenn man im Wald auf eine Gruppe von Birken trifft, oder auch an einer einzelnen Birke vorbeikommt, so soll man nicht versäumen, den Boden in der Umgebung der weißen Stämme sorgfältig zu durchmustern. Eine Anzahl von Pilzen aus verschiedenen Gattungen wächst nämlich mit Vorliebe unter Birken. Neben dem Fliegenpilz entdeckt man dort fast ein Dutzend andere Pilze, als Birkenbegleiter bekannt, weil sie kaum unter anderen Bäumen zu finden sind. Zu diesen gehört auch der Birkenpilz. – **Merkmale:** *Hut:* Im Mittel 12 cm breit, zuerst halbkugelig, später verflacht, schmierig, braun in verschiedenen Abstufungen. *Röhren:* Über 2 cm lang, im Alter deutlich nach unten bauchig vorgewölbt, um den Stiel herum niedergedrückt. Die Röhrenmündungen, anfangs weiß, nehmen mit fortschreitender Entwicklung einen leicht rosa schimmernden Ton an. *Stiel:* Bis 18 cm lang, verhältnismäßig schlank, später zähfaserig. Der ganze Stiel ist auf weißem Grund mit bräunlich bis schwärzlichen Schuppen bedeckt. *Fleisch:* Junge Pilze haben kerniges, festes Fleisch, das aber, namentlich im Hut, bald schwammig wird. Weiß, aber langsam ganz schwach rötlich anlaufend, im unteren Stielende manchmal etwas grünlich. – **Vorkommen:** Ein häufiger Pilz der Sommer- und Herbstmonate, meist bei Birken zu finden, deshalb natürlich auch in Mooren, wo er oft recht blasse Formen zeigt. In ganz Eurasien verbreitet. – **Verwechslung:** Ältere Pilzbücher kennen nur einen Birkenpilz. Neuere Forschungen haben ergeben, daß es sich um ein halbes Dutzend einander ähnlicher Arten handelt. Da ausnahmslos alle eßbar sind, hätte eine Verwechslung nichts zu bedeuten. – **Verwendung:** Guter Speisepilz, sofern man nur junge Exemplare sammelt, die noch nicht weich und schwammig geworden sind. Stiele älterer Stücke sind unbrauchbar. Bei der Zubereitung verliert das Fleisch seine weiße Farbe und wird grau bis schwärzlich, ohne dadurch an Wert einzubüßen. – **Verwandte:** Der Pappelröhrling, *Leccinum duriusculum* Sing., nicht schlank, sondern kräftig wie eine Rotkappe, bei Espen (*Populus tremulae* L.) zu finden, eßbar. Der Hainbuchenröhrling, *Leccinum griseum* (Quel.) Singer, mit stark violett-schwärzlich verfärbendem Fleisch, immer unter Hainbuchen (*Carpinus betulus* L.) oder Espen wachsend, ebenfalls eßbar. Rotkappen und Birkenröhrlinge haben als gemeinsames Merkmal schuppige Stiele und werden als Rauhfüße in der Gattung *Leccinum* zusammengefaßt.

Rotkappe

Leccinum testaceo-scabrum (Secr.) Singer

Rotkappe und Birkenpilz gehören innerhalb der Röhrlinge einer besonderen Gruppe an, nämlich den Rauhfüßen, *Leccinum*. Die Vertreter dieser Gattung haben trockene Hüte, eine meistens graue, um den Stiel herum deutlich niedergedrückte Röhrenschicht, ihr Stiel ist auffallend geschuppt. Sie bewohnen weite Gebiete der nördlichen Hemisphäre, sind als Mykorrhizapilze für die Forstwirtschaft von Bedeutung. Als Exportware sind sie für die osteuropäischen Länder wichtig. – **Merkmale:** *Hut:* Die Breite schwankt zwischen 5 und 20 cm. Die Huthaut ist orangefarbig, sie steht am Rand des Hutes als ein häutiger Saum über. *Röhren:* Grau in verschiedenen Abstufungen, um den Hut herum immer niedergedrückt, ungefähr 25 mm lang werdend. *Stiel:* Er ist weißgrundig, dicht, mit schwarzen Schuppen bedeckt, und häufig nach oben etwas dünner werdend. *Fleisch:* Weiß, aber sich bald verfärbend, und zwar schwach blauend oder auch rötend, angenehm im Geruch und Geschmack. – **Vorkommen:** Die Rotkappe ist ein häufiger Pilz. Sie ist an die Birke gebunden, mit der sie eine Lebensgemeinschaft bildet. Sie steigt vom Tiefland bis in die Voralpen und wird in ganz Europa sowie in den klimatisch entsprechenden Teilen von Asien und Nordamerika gefunden. Haupterscheinungszeit von Juni bis Oktober. – **Verwechslung:** Ältere Pilzkenner waren sich nicht bewußt, daß das, was sie unter Rotkappe verstanden, keine einheitliche Art war. Die Rotkappe tritt nämlich in verschiedenen Formen auf. Da jede Varietät zu Pilzgerichten zu gebrauchen ist, bleibt eine Verwechslung harmlos. – **Verwendung:** Die Rotkappe ist ein sehr beliebter Speisepilz, der auch auf den Pilzmärkten gehandelt wird. Im Gegensatz zu vielen anderen Röhrlingen wird die Rotkappe von den Maden der Pilzmücken wenig befallen. Als nachteilig empfinden es manche Hausfrauen, daß sich das Fleisch der Rotkappen beim Kochen schwarz färbt, während es beim Steinpilz weiß bleibt. Diese Verfärbung ist aber kein Anzeichen, daß der Pilz verdorben oder gar giftig ist. – **Verwandte:** Gelegentlich findet man unter Kiefern, oft zwischen Heidelbeeren, eine Rotkappe mit fuchsrotem Hut und in der Stielbasis blaugrünendem Fleisch, das ist die Föhrenrotkappe, *Leccinum vulpinum* Watling, die eßbar ist. Öfter sieht man eine Rotkappe mit rötlichen, statt schwarzen Stielschuppen, die Espenrotkappe, *Leccinum aurantiacum,* (Bull. ex Fr.) Gray, unter Espen (*Populus tremula* L.) wachsend. Sie ist ebenfalls ein geschätzter Speisepilz.

Strubbelkopf

Strobilomyces floccopus (Vahl ex Fr.) Karst.

Der erstmalige Fund eines Strubbelkopfes löst großes Erstaunen aus. Sein Aussehen weicht so sehr von der gewohnten Gestalt der Röhrlinge ab, daß es nicht wundert, wenn die Mykologen für ihn eine eigene Gattung, *Strobilomyces,* geschaffen haben. Das ungewöhnliche Dunkelbraun und der grobschuppige Hut verleihen dem Pilz ein exotisches Aussehen. Tatsächlich ist er der einzige Vertreter der Gattung, der in Mitteleuropa wächst, während die anderen 8 Artgenossen nur in den wärmeren Teilen anderer Erdteile zu finden sind. – **Merkmale:** *Hut:* Auffallend sind die groben, dunkelbraunen Schuppen, die die Oberfläche des Hutes dachziegelig bedecken, der eine Breite von 12 cm mißt. Solange der Pilz nicht aufgeschirmt hat, zieht vom Hutrand zum Stiel ein weißlicher, wolliger Schleier. *Röhren:* Bis 3 cm lang, grau mit eckigen Mündungen, um den Stiel flach ausgebuchtet und etwas herablaufend. *Stiel:* Bis 15 cm lang, schlank, grau bis schwarz, mit einem grauen, wollig-fransigen Ring, dem Rest des ursprünglichen Schleiers. *Fleisch:* Im Hut ziemlich weich, im Stiel mehr holzig, weiß, beim Anschneiden zuerst rötlich und dann grau bis fast schwarz verfärbend. – **Vorkommen:** Der Strubbelkopf wächst in Süddeutschland hauptsächlich in Buchenwaldgesellschaften, gerne auf Kalkböden. Dort ist er nicht so selten, wird aber wegen der unauffälligen Farben leicht übersehen. In Norddeutschland soll er auch in Kiefernwäldern zu finden sein. Er wächst gerne gesellig, kommt jedes Jahr an den gleichen Plätzen wieder, ist also standorttreu, von Juli bis Oktober zu finden. – **Verwechslung:** Mit anderen Röhrlingen ist der Strubbelkopf kaum zu verwechseln. Es wäre jedoch denkbar, daß ein Anfänger, der den Pilz nur flüchtig von oben betrachtet, also die Röhrenschicht nicht wahrnimmt, ihn mit dem Habichtspilz, *Sarcodon imbricatum* Fr. ex L. (S. 122 unten) verwechselt, der einen ähnlichen schuppigen, allerdings braunen Hut besitzt und keine Röhren, sondern Stacheln trägt. – **Verwendung:** Eßbar, aber wenig geschätzt. – **Verwandte:** In unseren Wäldern trifft man gar nicht selten auf einen Röhrling, der mit seinen schwarzbraunen Farben und seinem düsteren Aussehen an den Strubbelkopf erinnert, aber einen völlig glatten Hut hat. Man möchte ihn für einen dunkel geratenen Steinpilz halten. Das ist der Düstere Röhrling, *Porphyrellus pseudoscaber* (Secr.) Sing., der ebenfalls eßbar, aber wenig schmackhaft ist. Der Strubbelkopf ist in Amerika unter dem Namen »Old man of the woods«, »Der alte Mann der Wälder«, bekannt.

Kahler Krempling

Paxillus involutus (Batsch) Fr.

Früher wurden zu den Kremplingen, von äußeren Merkmalen ausgehend, eine größere Zahl von Pilzen gerechnet, nämlich solche, bei denen der Hutrand deutlich zu einer Krempe umgebogen ist. Seit mikroskopische Merkmale stärker berücksichtigt werden, ist die Zahl der Kremplinge auf vier zusammengeschmolzen. – **Merkmale:** *Hut:* Bis 15 cm breit, am Rand lange eingerollt, etwas gefurcht, ockerbraun und feinfilzig, Hutmitte etwas vertieft. *Lamellen:* Lassen sich vom Hutfleisch leicht ablösen, holzgelblich, am Stiel herablaufend. Beim Druck auf die Lamellen werden diese sogleich bräunlich. Wegen dieser Reaktion trägt der Pilz auch den Namen Empfindlicher Krempling. *Stiel:* Bis 5 cm lang, bräunlich, vollfleischig. *Fleisch:* Weich, saftig, säuerlich schmeckend, mit angenehmem Geruch und Geschmack. – **Vorkommen:** Ein häufiger Pilz an verschiedensten Standorten. – **Verwechslung:** Der Erlenkrempling, *Paxillus filamentosus* Fr., unterscheidet sich durch einen schuppigen Hut und wächst bei Erlen *(Alnus).* – **Verwendung:** In älteren Pilzwerken wird der Kahle Krempling als Speisepilz angegeben. Neuere Bücher verlangen unbedingt ein längeres Kochen. Letzte Forschungen haben ergeben, daß eine gelegentliche Kremplingsmahlzeit unschädlich ist, daß aber der über Jahre hinaus fortgesetzte Genuß des Pilzes zu sehr ernsten Erkrankungen, ja sogar zum Tod führen kann.

Samtfußkrempling

Paxillus atrotomentosus (Batsch) Fr.

Der Samtfußkrempling ist dem Kahlen Krempling ähnlich. *Hut:* Größer als beim Kahlen Krempling, bis 25 cm. *Lamellen:* Gelblich. *Stiel:* Im Gegensatz zum Kahlen Krempling kurz, bis zu 5 cm dick, mit einem braunen, samtigen Filz bekleidet, der ihm den Namen gegeben hat. *Fleisch:* Ungewöhnlich wasserhaltig. Wenn man den Pilz zusammendrückt, läuft reichlich Flüssigkeit heraus. – **Vorkommen:** Ein sehr häufiger Pilz, der gerne auf Baumstrünken, aber auch auf dem Waldboden wächst. – **Verwendung:** Der Samtfußkrempling ist kein Giftpilz, hat aber keinen besonderen Wohlgeschmack, so daß er nur selten für Speisezwecke gesammelt wird. – **Verwandte:** Seltener wird ein anderer Krempling gefunden, mit exzentrischem, muschelförmigem Wuchs, Muschelkrempling, *Paxillus panuoides* Fr., genannt, auf Holz wachsend, nicht empfehlenswert.

Kuhmaul

Gomphidius glutinosus (Schff.) Fr.

Häufig werden in den Wäldern Pilze angetroffen, die entweder auf dem Hut oder an ihrer ganzen Oberfläche von einer starken Schleimschicht bedeckt sind. Sie begegnen uns unter den Namen Schleimköpfe *(Phlegmacium)*, Schleimfüße *(Myxacium)* und Schmierröhrlinge *(Suillus)*. Wegen dieser schleimigen Beschaffenheit werden die Pilze von vielen Sammlern mißachtet, obwohl sie teilweise erstklassige Speisepilze sind. Zu ihnen gehört auch das Kuhmaul. – **Merkmale:** *Hut:* Er fühlt sich tatsächlich kühl und feucht wie ein Kuhmaul an, wird bis zu 10 cm breit, mit einer Schleimschicht überzogen, die bei jungen Exemplaren zum Stiel hinunterreicht und leicht abziehbar ist. Ältere Hüte sind oft schwarzfleckig. *Lamellen:* Anfangs weiß, verfärben sich durch die ausfallenden Sporen allmählich schwarz, laufen am Stiel weit herab und gabeln sich gegen den Hutrand. *Stiel:* Bis 10 cm lang, sich nach oben verdickend, schleimig, mit den Resten eines Ringes, besonders auffallend durch das gelbe Stielende. *Fleisch:* Sehr weich und im unterem Stielende leuchtend zitronengelb, ein untrügliches Kennzeichen. – **Vorkommen:** Das Kuhmaul ist ein häufiger Pilz. Man findet es überall, wo Fichtenwälder anzutreffen sind, gleich ob es sich um natürliche Bestände oder gepflanzte Kulturen handelt. Der Pilz bildet nämlich mit Fichten eine Lebensgemeinschaft (Symbiose). Er gedeiht vom Sommer bis in den Herbst. – **Verwechslung:** Kein anderer Pilz hat ein so leuchtend gelbes Stielfleisch und zugleich eine so schmierige Huthaut. – **Verwendung:** Der gute Speisepilz erfreut sich leider nicht überall der ihm zukommenden Wertschätzung. Das mag daher kommen, weil er im Korb gerne mit anderen Pilzen verklebt. Es ist deshalb zweckmäßig, die schleimige Huthaut schon am Standort abzuziehen. Überhaupt ist es empfehlenswert, den Pilz gesondert vom anderen Sammelgut zu transportieren und aufzubewahren, denn ältere Exemplare sondern reichlich schwarze Sporen ab, die dann die anderen Pilze verschmutzen. – **Verwandte:** Die Weltflora umfaßt 18 Gomphidiusarten, von denen noch zwei bei uns vorkommen. Das sind der Rosenrote Schmierling, *Gomphidius roseus* (L.) Fr. und der Fleckende Schmierling, *Gomphidius maculatus* (Scop) Fr., ein Lärchenpilz, beide brauchbare Speisepilze. Ebenfalls nahestehend ist der Kupferrote Schmierling, *Chroogomphus rutilus* (Schff. ex Fr.), leicht kenntlich an seiner kupferbraunen Farbe, dem orangefarbigen Fleisch und dem Vorkommen in Kiefernwäldern oder unter einzelnen Föhren.

Wiesenellerling

Camarophyllus pratensis (Pers. ex Fr.) Karst.

Merkmale: *Hut:* Kreiselförmig, bis 10 cm breit, Mitte dick-, Rand aber dünnfleischig, orangegelb, in der Hutmitte leicht gebuckelt. *Lamellen:* Dick und wachsartig, am Stiel weit herablaufend, ähnlich dem Hut gefärbt. *Stiel:* Bis 10 cm lang, am Grund verschmälert, gegen den Hut immer breiter werdend, blasser als der Hut gefärbt. *Fleisch:* Ohne bemerkenswerten Geruch und Geschmack, rötlichgelb. – **Vorkommen:** Der Wiesenellerling erscheint verhältnismäßig spät im Jahr, nämlich erst in den Monaten September bis November. Er geht kaum in das Innere der Wälder, sondern ist auf Wiesen und Weiden zu treffen, wie das sein Name besagt. Er steigt in der alpinen Zone über 2000 m und ist über ganz Eurasien verbreitet. – **Verwendung:** Ein wertvoller Speisepilz, der nur gering von Insektenlarven befallen wird.

Märzellerling

Hygrophorus marzuolus (Fr.) Bres.

Wenn man am 1. April in der Zeitung lesen würde, daß Pilzsammler mit Körben voll leckerer Speisepilze vom Wald zurückgekehrt seien, würde man wohl an einen Scherz denken, der an diesem Tag üblich ist. Trotzdem könnte die Meldung der Wahrheit entsprechen, denn zu den Pilzen, die sich eine so ungewöhnliche Erscheinungszeit ausgesucht haben, gehört der Märzellerling, viel besprochen, von wenigen gefunden. – **Merkmale:** *Hut:* Bis 12 cm breit, erst weiß, dann grau bis schwärzlich, trocken, oft sehr unregelmäßig gestaltet, dickfleischig. *Lamellen:* Besonders auffallend dick, wachsartig, entfernt stehend, am Stiel etwas herablaufend. *Stiel:* Kaum länger als 6 cm und verhältnismäßig dick, weißlich. *Fleisch:* Weiß, unter der Huthaut grau, mild schmeckend, ohne besonderen Geruch. – **Vorkommen:** Je nach Witterungsverhältnissen von Dezember bis Mai, immer nach eingetretener Schneeschmelze zu finden. Wenig auffallend, weil er oft nicht ganz durchbricht, sondern mehr oder minder von der Laubschicht bedeckt wird. Gerne in kleinen Gruppen auftretend, besonders im Mischwald gebirgiger Lagen. – **Verwechslung:** Ähnlich ist der Rußbraune Schneckling, *Hygrophorus camarophyllus* Fr., der aber nur im Herbst wächst und einen deutlich gefaserten Hut hat, auch eßbar. – **Verwendung:** Ergiebiger, hochgeschätzter Speisepilz, des pilzarmen Frühjahrs.

Granatroter Saftling

Hygrocybe punicea (Fr.) Kummer

Merkmale: *Hut:* Mit einer Breite von 12 cm der größte und wegen seiner von Gelb bis Blutrot wechselnden Farbe einer der schönsten Pilze überhaupt, feucht schmierig und sehr zerbrechlich. *Lamellen:* Dick und wachsartig, weit voneinander entfernt, zuerst gelb und später orangefarbig. *Stiel:* Kräftig ausgebildet, bis zu 10 cm hoch und über 2 cm dick, hohl, oben gelb, am Stielgrund weißlich. *Fleisch:* Innen weiß, gegen den Rand hin gelblich, wässerig, wenig ergiebig, ohne auffallenden Geruch oder Geschmack. – **Vorkommen:** Der Granatrote Saftling ist ein ausgesprochener Herbstpilz, der erst in den Monaten September und Oktober erscheint. Er ist in vielen Gegenden selten. Man findet ihn auf Wiesen und Weiden, auch an Waldrändern, im Gras von Waldwiesen, besonders in Gebirgsgegenden. – **Verwechslung:** Große, ausgewachsene Exemplare können kaum verwechselt werden, denn kein anderer Saftling wird so stattlich; kleinere Stücke kann man mit anderen Saftlingen verwechseln. – **Verwendung:** Wie alle anderen mild schmeckenden Saftlinge eßbar.

Kegeliger Saftling

Hygrocybe conica (Scop. ex Fr.) Kummer

Die Saftlinge zeichnen sich durch besonders prächtige Farbgebung, meist leuchtend rot und gelb, aus. Sie haben eine glasige Konsistenz. Ein typischer Vertreter ist der Kegelige Saftling. – **Merkmale:** *Hut:* Kegelig, nach oben zugespitzt, nie flach ausgebreitet, mit kräftigen gelben und roten Farbtönen, häufig am Rand eingerissen, alt oder verletzt deutlich schwärzend. *Lamellen:* Am Stiel leicht angeheftet, erst weißlich, später gelblich, zuletzt schwärzend, mit gesägter Lamellenschneide. *Stiel:* Hohl, zerbrechlich, dem Hut gleichfarbig, oft verdreht. *Fleisch:* Mit mildem Geschmack und ohne auffallenden Geruch, weiß, gegen den Rand gelb. – **Vorkommen:** In Waldlichtungen und auf feuchten Wiesen und Weiden, häufig, vom Sommer bis in den Herbst, in ganz Eurasien. – **Verwechslung:** In Mitteleuropa wachsen ungefähr 40 verschiedene Saftlinge, die sich teilweise sehr ähnlich sind. Es gibt aber keine giftigen Arten in der Gattung, doch sind einige von ihnen bitter und daher unbrauchbar. – **Verwendung:** Der Kegelige Saftling ist ein Speisepilz wie alle nicht bitter schmeckenden Saftlinge, wird aber wenig gesammelt, weil er nicht ergiebig ist.

Nebelgrauer Trichterling

Clitocybe nebularis (Batsch ex Fr.) Kummer

Der Nebelgraue Trichterling gehört zur großen Gattung der Trichterlinge, die bei uns mit über 70 Arten vertreten ist. Trichterlinge weisen niemals einen Ring oder andere Velumreste auf und haben oft einen mehr oder minder befaserten Stiel. Bei vielen bildet im Alter der Hut die Form eines Trichters, daher der Name. Die Lamellen sind dünn, entweder am Stiel angewachsen oder an ihm herablaufend. – **Merkmale:** *Hut:* Zuerst halbkugelig, später ausgebreitet, aber im Gegensatz zur typischen Trichterlingsform, nie trichterförmig genabelt, am Rand eingerollt, erreicht bis 15 cm Durchmesser, grau in verschiedenen Abstufungen und häufig von einem Reif bedeckt, in dem Streuteile eingewachsen sind. *Lamellen:* Sie sind weißlich, später mehr ockerlich gefärbt, laufen am Stiel etwas herab und sind, als besonders auffälliges Kennzeichen zu werten, sehr leicht vom Hutfleisch zu lösen. *Stiel:* Kräftig, längsfaserig, bis 12 cm lang und 3 cm dick, weiß bis grau. *Fleisch:* Im Hut ist es dickfleischig, weiß, verfärbt nicht, hat einen aufdringlichen Geruch, der nicht von jedermann als angenehm empfunden wird. – **Vorkommen:** Der Nebelgraue Trichterling ist ein sehr häufiger Pilz, der in langen Reihen oder auch in Kreisen, sogenannten Hexenringen wächst. Man findet ihn erst während der Herbstmonate, dann allerdings in Massen auftretend. Er ist ein Bewohner des Nadelwaldes, kommt aber auch in der Laubstreu der Buchenwälder vor. Er ist über ganz Eurasien verbreitet. – **Verwechslung:** Durch seine Größe, die ablösbaren Lamellen, den aufdringlichen Geruch und die späte Erscheinungszeit von anderen Trichterlingen leicht zu unterscheiden. Ähnlich ist der Buchsblättrige Trichterling, *Clitocybe alexandri* (Gill) Konrad, mit dunkleren Lamellen, wolliger Stielbasis. Dieser Doppelgänger ist selten, kommt als Speisepilz kaum in Betracht. – **Verwendung:** Der Nebelgraue Trichterling ist ein Speisepilz und wurde früher, z. B. in München, als Marktpilz unter dem Namen »Herbstblattl« verkauft. Da der Pilz sehr fleischig ist und in Massen gefunden werden kann, erfreute er sich einer gewissen Beliebtheit. Es hat sich aber herausgestellt, daß er nicht von jedermann vertragen wird, so reagieren verschiedene Familienmitglieder nicht einheitlich. Das hat dazu geführt, daß sein Wert recht unterschiedlich beurteilt wird. Bei der ersten Verwendung erprobe man deshalb mit einer kleinen Menge die individuelle Bekömmlichkeit!

Winterrübling

Flammulina velutipes (Curt. ex Fr.) Singer

Die Frage, ob man Pilze auf dem eigenen Grundstück, im eigenen Garten züchten könne, wird an den Beratungsstellen immer wieder aufgeworfen. Für die allermeisten Pilzarten ist diese Möglichkeit zu verneinen. Abgesehen von den Zuchtchampignons sind es nur ganz wenige, zumeist auf Holz wachsende Arten, die sich züchten lassen, wie z. B. der Austernseitling, *Pleurotus ostreatus,* Jacqu. ex Fr., Kummer. Zu diesen züchtbaren Arten gehört auch der Winterrübling, auch Samtfußrübling genannt. – **Merkmale:** *Hut:* Erreicht 5–7 cm Durchmesser, zuerst halbkugelig, später flach ausgebreitet, alt verbogen und flatterig, bräunlich, gegen den Hutrand gelblich, bei feuchtem Wetter auffallend schleimig, schmierig und klebrig. *Lamellen:* Gelblich, später etwas nachdunkelnd, leicht entfernt, von verschiedener Länge. *Stiel:* Bis 8 cm lang, häufig abgeplattet, später hohl werdend. Besonders kennzeichnend ist die Stielbekleidung. Bis dicht unter die Kappe ist der Stiel mit einem dunkelbraunen bis fast schwarzem, samtigem Filz überkleidet, was dem Pilz den Namen Samtfußrübling eingebracht hat. *Fleisch:* Ziemlich hell und ohne charakteristischen Geruch oder Geschmack. – **Vorkommen:** Immer auf Holz, an Bäumen und Baumstrünken, selten auf abgefallenen Ästen. Laubbäume, namentlich Weiden, (*Salix*-Arten), werden deutlich bevorzugt. Seine Erscheinungszeit weicht von der anderer Blätterpilze wesentlich ab. Man findet ihn nämlich in den Wintermonaten, von Dezember bis zum Beginn der wärmeren Jahreszeit, ganz besonders reichlich, wenn das typische Winterwetter durch milde, frostfreie Westlagen mit Tauwetter unterbrochen wird. Er hält sich auch bei strengem Frost unter der Schneebedekkung frisch und lebt, aufgetaut, wieder weiter. Kennzeichnend ist das büschelige Wachstum. – **Verwechslung:** Da während der Wintermonate andere, auch nur entfernt ähnliche Pilze nicht wachsen, besteht keine Verwechslungsgefahr. Ausnahmsweise zu früh oder sehr spät auftretende Exemplare könnten aber mit anderen, büschelig wachsenden Baumpilzen verwechselt werden. Unter diesen ist einer, den man sorgfältig vom Winterrübling unterscheiden muß, nämlich der Grünblättrige Schwefelkopf, *Hypholoma fasciculare,* Huds. ex Fr., Kummer (S. 96 unten), der sich erst in jüngster Zeit als nicht nur bitter, sondern sogar als giftig herausgestellt hat. Er unterscheidet sich deutlich durch gelbgrüne Lamellen. – **Verwendung:** Der Winterrübling ist, da es um Weihnachten herum kaum andere Frischpilze gibt, ein begehrter und geschätzter Speisepilz. Er kann auch gezüchtet werden.

Waldfreundrübling

Collybia dryophila (Bull. ex Fr.) Kummer

Zur Gattung Rüblinge *(Collybia)* zählen kleine bis mittlere Arten, meist mit knorpelig-zähem Stiel, denen der Speisepilzsucher fast keine Beachtung schenkt. Zu ihnen gehört auch der Waldfreundrübling, der mehr Aufmerksamkeit verdient. – **Merkmale:** *Hut:* Bis 7 cm breit, flach ausgebreitet, flatterig, gelblich, gegen den Rand fleischrötlich, bei durchwässerten Exemplaren mit gerieftem Rand. *Lamellen:* Weißlich, sehr dichtstehend, am Stiel angewachsen. *Stiel:* Röhrig, längsrinnig, bis 8 cm hoch, rotbraun, unten weißfilzig. *Fleisch:* Wenig ergiebig, sehr dünnfleischig, mit mildem Geschmack und angenehmem Geruch. – **Vorkommen:** Durch Sommer und Herbst ein sehr häufiger Pilz, immer in vielen Exemplaren beieinander, also gesellig vorkommend, in allen Höhenlagen. – **Verwechslung:** Ähnlich aussehend ist der Brennende Rübling, *Collybia peronata,* (Bolt. ex Fr.) Sing., der sich durch den brennend scharfen Geschmack einer unschädlichen Kostprobe unterscheidet. – **Verwendung:** Der Waldfreundrübling ist zwar kein erstklassiger Speisepilz und wegen seiner Dünnfleischigkeit nicht ergiebig, doch als Mischpilz nicht völlig wertlos.

Butterrübling

Collybia butyracea (Bull. ex Fr.) Quel.

Der Name hört sich recht appetitlich an, bedeutet aber nicht, daß der Pilz buttergelb ist oder sich butterweich kochen lasse, sondern die Bezeichnung weist darauf hin, daß die Huthaut fettglänzend ist. Das Grundwort Rübling mag daher stammen, daß das untere, oft keulig verdickte Stielende an eine Rübe erinnert. – **Merkmale:** *Hut:* Im Durchschnitt 8 cm breit, wenig fleischig, glatt, in der Hutmitte mit einem stumpfen Buckel, fettig glänzend, rot- bis kastanienbraun (daher auch Kastanienbrauner Rübling genannt). *Lamellen:* Ziemlich dicht gedrängt, am Stiel angeheftet, mit leicht gekerbter Schneide, weiß, manchmal rötlichblaß. *Stiel:* Nie vollfleischig, sondern immer ausgehöhlt, sich von unten nach oben verjüngend, längsfaserig, knorpelig, starr, etwas blasser als der Hut gefärbt. *Fleisch:* Weiß, wässerig, wenig ergiebig. – **Vorkommen:** Ein sehr häufiger Pilz, den man vom Sommer bis in den Spätherbst, besonders in moosigen Fichtenwäldern findet. – **Verwendung:** Abgesehen von den Stielen eßbar, wenig geschätzt. Tritt auch in einer horngrauen Varietät auf.

Purpurfilziger Holzritterling

Trichomolopsis rutilans (Schff. ex Fr.) Sing.

Der farbenprächtige Pilz ist ein Musterbeispiel dafür, daß sich das Aussehen der Jungpilze von denen älterer Exemplare oft so sehr voneinander entfernt, daß sie für verschiedene Arten angesehen werden. – **Merkmale:** *Hut:* Im Durchschnitt 15 cm breit, erst halbkugelig, dann ausgebreitet. Die Grundfarbe ist gelb, der Hut aber anfangs so dicht mit einem purpurnen Filz bedeckt, daß die Kappe einheitlich rot erscheint. Beim Aufschirmen treten die Schuppen auseinander, der gelbe Grund wird sichtbar. Falls der Regen alle Schuppen abgewaschen hat, bleibt ein gelber Hut. *Lamellen:* Gelb mit zottiger Schneide. *Stiel:* Wird bis 12 cm hoch und bis 2 cm dick, gelbgrundig mit rötlichen Schuppen. *Fleisch:* Gelblich, saftig, mild. – **Vorkommen:** Vom Sommer bis in den Herbst, immer auf Nadelholzstümpfen, auch bei trockenem Wetter. – **Verwechslung:** Typische Exemplare sind leicht durch ihre Farbe, das gelbe Fleisch, die gelben Lamellen und den Standort auf Holz zu erkennen. – **Verwendung:** Trotz seiner farbenprächtigen Erscheinung ist sein Wert als Speisepilz gering. Höchstens als Mischpilz zu verwenden.

Grünling

Tricholoma flavovirens (Pers. ex Fr.) Lund

In Gegenden, die auf Kalkboden ausgedehnte Laubwälder tragen, ist der Grünling ein fast unbekannter Pilz. Wo aber auf Sandboden sich ausgedehnte Kiefernwälder erstrecken, erscheint er als Massenpilz. – **Merkmale:** *Hut:* Ungefähr 10 cm breit, jung mit eingebogenem Rand, schwach gebuckelt, eingewachsen faserig, schwefelgelb, am Buckel meist bräunlich. *Lamellen:* Gelb, um den Stiel tief ausgebuchtet. *Stiel:* Bis 6 cm lang und über 1 cm dick, oft tief im Sand steckend. *Fleisch:* Am Buckel ziemlich fleischig, weiß, unter der Huthaut gelblich, riecht undeutlich nach Mehl und schmeckt mild. – **Vorkommen:** Erst gegen den Herbst zu, aber bis Ende November zu finden, hauptsächlich auf sandigen Böden in Föhrenwäldern, weit verbreitet. – **Verwechslung:** Recht ähnlich ist der Schwefelritterling, *Tricholoma sulphureum* (Bull. ex Fr.) Kummer. Leicht zu unterscheiden, denn dieser Pilz hat einen unerträglichen Geruch nach verbranntem Gummi, Stadtgas oder Karbid und ist giftig. – **Verwendung:** Der Grünling ist ein sehr beliebter Speisepilz, der sorgfältig von Sandkörnern gereinigt werden muß.

Mairitterling

Calocybe gambosa (Fr.) Donk

Wurde früher von den Mykologen als *Tricholoma Georgii* (Clus. ex Fr.), also als ein echter Ritterling beschrieben. Mikroskopische Untersuchungen haben gezeigt, daß er nur äußerlich den Eindruck eines Ritterlings macht, in seinem Feinbau aber von den echten Ritterlingen abweicht. Es ist deshalb für ihn und ähnliche Pilze die Gattung *Calocybe,* d. h. Schönköpfe, aufgestellt worden. – **Merkmale:** *Hut:* Ungefähr 10 cm breit, gelegentlich auch größer, anfangs gewölbt mit eingerolltem Rand, später ausgebreitet, oft unregelmäßig, weißlich bis gelblich, auch ockerfarbig. *Lamellen:* Weißlich, sehr dicht stehend, um den Stiel herum ausgebuchtet, manchmal mit einem Zähnchen am Stiel herablaufend. *Stiel:* Kräftig, unten manchmal keulig verbreitert, weiß bis gelblich, festfleischig, bis 8 cm lang. *Fleisch:* Hat einen auffallenden Geruch nach Mehl, ein wichtiges Merkmal. – **Vorkommen:** April (23. IV.! = Georgstag) und Mai, auf Wiesen, oft in Hexenringen. – **Verwechslung:** Mit dem gleichzeitig erscheinenden Ziegelroten Rißpilz, *Inocybe Patouillardi* Bres. (S. 86 oben) giftig, der sich durch den spitzkegeligen Hut und stark rötendes Fleisch unterscheidet. – **Verwendung:** Ein geschätzter Speisepilz.

Tigerritterling

Tricholoma pardinum Quel.

Den Tigerritterling müßte jeder Pilzsammler genau kennen; denn er ist ein gefährlicher Giftpilz. So sind z. B. die meisten in der Schweiz registrierten Pilzvergiftungen durch den Tigerritterling verursacht worden. – **Merkmale:** *Hut:* Halbkugelig, später fast trichterförmig, grau bis braun, grobschuppig, bis 15 cm. *Lamellen:* Weißlich, um den Stiel ausgebuchtet, manchmal tränend. *Stiel:* Ziemlich kräftig, bis 8 cm lang und über 3 cm dick, festfleischig. *Fleisch:* Weiß, aber unter der Huthaut grauend und in der Stielbasis rötend. – **Vorkommen:** Hauptsächlich in Buchenwäldern auf Kalkboden, nicht überall, doch in manchen Gegenden auch häufig. – **Verwechslung:** Ähnlich aussehende, schmächtigere, feinschuppige Ritterlinge werden als Speisepilze gesammelt. Im Zweifelsfalle zur Beratungsstelle bringen, da die Unterscheidung nicht leicht ist! – **Verwendung:** Als Speisepilz unter keinen Umständen verwendbar, denn der Pilz verursacht heftige Störungen im Verdauungstrakt, obwohl von tödlich ausgegangenen Vergiftungen nichts bekannt geworden ist.

Lackbläuling

Laccaria amethystina (Bolt. ex Hooker) Murr.

Dieser auffallend hübsche Pilz, mit seiner tiefvioletten Farbe, hat sowohl manchem Speisepilzsucher, als auch den Systematikern Kopfzerbrechen verursacht. Viele, die für ihre Küche suchen, sträuben sich dagegen, daß ein so violett gefärbter Pilz eßbar sein solle. Systematiker wußten lange nicht, wie sie einen Pilz einordnen sollten, der Sporen wie ein Täubling, dicke Lamellen wie ein Schneckling und einen tiefgenabelten Hut wie ein typischer Trichterling hat. So wurde für den Lackbläuling und seine nächsten Verwandten die Gattung *Laccaria* geschaffen. – **Merkmale:** *Hut:* Anfangs stark gewölbt, erst später ausgebreitet, in der Mitte nabelartig vertieft, feinschuppig, jung satt violett, später aber dann so stark ausblassend, daß er fast weiß erscheint. *Lamellen:* Weit voneinander entfernt, am Stiel deutlich herablaufend, ungleich lang. Während der Hut ausblaßt, bleiben die Lamellen längere Zeit schön violett. *Stiel:* Bis 8 cm lang und bis 1 cm breit, häufig etwas gebogen, längsfaserig. Jung wie Hut und Lamellen gefärbt, später aber verblassend, im unteren Stielteil sogar bräunlich werdend. *Fleisch:* Wie der ganze Pilz amethystfarben-violett, ohne besonderen Geruch und Geschmack. – **Vorkommen:** Ein sehr häufiger Pilz, der in den verschiedensten Waldtypen vorkommt, aber deutlich Laubwald bevorzugt, vom Sommer bis in den Spätherbst zu finden. – **Verwechslung:** Typisch ausgebildete Exemplare sind durch ihre Farbe so gekennzeichnet, daß sie kaum verwechselt werden können. Etwas ausgetrocknete und daher verblaßte Fruchtkörper sind dem Rettichhelmling, *Mycena pura* (Pers. ex Fr.) Kummer, ähnlich, der wegen seines Muskaringehaltes giftig ist. Im Zweifelsfall prüfe man den Geruch der Pilze. Der giftige Rettichhelmling riecht nämlich deutlich nach Rettichen, während der eßbare Lackbläuling geruchlos ist, höchstens im Alter vielleicht etwas süßlich duftet. – **Verwendung:** Trotz seiner Färbung eßbar, aber nicht besonders wertvoll. – **Verwandte:** Fast noch häufiger als den Lackbläuling findet man einen Pilz, der ihm vollkommen gleicht, aber rötlich gefärbt ist. Das ist der Rötliche Lacktrichterling, *Laccaria laccata* (Scop. ec Fr.) Bk. u. Br., ungemein variabel in Farbe und Größe, daher auch Chamäleontrichterling genannt. Im Speisewert ist er wie der Lackbläuling einzuschätzen, also auch genießbar, aber nur von mittelmäßiger Güte.

Hallimasch

Armillariella mellea (Vahl ex Fr.) Karsten

Viele Pilze, die in Lebensgemeinschaft mit Bäumen wachsen, fördern deren Entwicklung, sind also für die Forstwirtschaft von Nutzen. Vom Hallimasch kann man das nicht behaupten. Er greift nämlich lebende Bäume an, ist also ein Parasit, der von seinem Wirt lebt und ihn zum Absterben bringt. Der Forstmann sieht ihn also mit ganz anderen Augen an als der Pilzsammler, für den er häufig mühelos reiche Ernten abwirft, die man sozusagen im Vorbeigehen mitnehmen kann. – **Merkmale:** *Hut:* Im Durchschnitt 10 cm breit, irgendwie bräunlich, manchmal aber auch honiggelb, in Amerika deshalb »honey mushroom«, »Honigpilz« genannt. Die Hüte sind anfangs mit dunklen, büschelig-haarigen Schuppen bedeckt, verkahlen aber später. *Lamellen:* Weißlich, später mehr rötlichgelblich, von Sporen weißbestäubt, ziemlich entfernt, am Stiel etwas herablaufend. *Stiel:* Bis 15 cm lang, oft gebogen, gelblich bis braun. Das Velum, welches beim Jungpilz vom Stiel zum Hutrand reicht und ursprünglich die Lamellen vollkommen bedeckt, erscheint in seinen Resten als Ring am oberen Stielteil. *Fleisch:* Im Stiel faserig und zäh. Besonders auffallend ist der Geschmack, der für die Art typisch ist. Kaut man nämlich ein Stückchen Pilzfleisch, so geht der anfangs milde Geschmack bald in ein sehr unangenehmes, zusammenziehendes Kratzen über. Das ist ein Merkmal, an dem man den Hallimasch auch dann erkennt, wenn man ihn mit geschlossenen Augen bestimmen müßte. – **Vorkommen:** Ein Massenpilz der Herbstmonate. Er gedeiht in Büscheln mit zahlreichen Hüten auf Baumstümpfen, auch auf im Boden versteckten Wurzeln, steigt öfters hoch an Bäumen hinauf, die dann absterben. Er ist in ganz Europa verbreitet und durch den Menschen über die ganze Welt verschleppt worden. – **Verwechslung:** Wer sich den eigenartigen, typischen Geschmack eingeprägt hat, wird den Hallimasch immer leicht erkennen, obwohl er in Gestalt und Farbe stark abändert. Anfänger können ihn von anderen ähnlichen Blätterpilzen, die auf Bäumen wachsen, z. B. dem Stockschwämmchen, *Kuehneromyces mutabilis* (Schff. ex Fr.) Sing. (S. 94) und dem Grünblättrigen Schwefelkopf, *Hypholoma fasciculare* (Huds. ex Fr.) Kumm. (S. 96 unten), einem Giftpilz, schwer unterscheiden. – **Verwendung:** Die zähen Stiele sind unbrauchbar. Der bittere Geschmack verliert sich beim Kochen. Da der Hallimasch nicht von jedermann vertragen wird, soll er auf persönliche Bekömmlichkeit getestet werden.

Feld- oder Nelkenschwindling

Marasmius oreades (Bolt. ex Fr.)

Der Name Schwindling will besagen, daß die zur Gattung *Marasmius* gehörigen Pilze die Eigenschaft haben, bei trockenem Wetter sehr viel Wasser zu verdunsten, daher schrumpfen oder schwinden, nach Regenfällen wieder Wasser aufnehmen und frisch aufleben. Der Geruch nach Nelken ist wohl nur mit einiger Phantasie festzustellen, weshalb ein Spaßvogel den deutschen Namen so interpretierte: Nelkenschwindling – weil es ein Schwindel ist, daß er nach Nelken riecht. – **Merkmale:** *Hut:* Im Mittel 5 cm breit, je nach Feuchtigkeitsgehalt heller oder dunkler gelbbraun, mit einem schwachen Buckel. *Lamellen:* Entfernt stehend, weißlich, verhältnismäßig dick. *Stiel:* Bis 7 cm lang, unter 1 cm dick, wie der Hut, jedoch heller gefärbt, ganz fein filzig, ziemlich zäh. *Fleisch:* Weißlich, aromatisch riechend, doch verschiedene Personen an unterschiedlichste Düfte erinnernd. – **Vorkommen:** Nicht im Walde, sondern, wie der Name sagt, auf Feldern. Damit sind keine Ackerfluren, sondern Rasenflächen auf Wiesen, Weiden und Wegrändern gemeint. Der Pilz bewohnt und ernährt sich dort von absterbenden Graswurzeln. Er ist standorttreu, kommt also alljährlich an den gleichen Plätzen wieder, in mehreren Schüben und erscheint immer nach Regen. – **Verwechslung:** Eine Ähnlichkeit besteht mit verschiedenen Rißpilzen *(Inocybe),* die aber keinen weißen, sondern einen bräunlichen Sporenstaub abwerfen und zumeist einen unangenehmen, spermatischen Geruch haben; fast durchwegs giftig. – **Verwendung:** Der Feldschwindling ist ein viel zu wenig beachteter Speisepilz, der sich besonders für Suppen eignet. Wenn auch der einzelne Pilz wenig fleischig ist, so wird das durch sein Vorkommen in Reihen oder Kreisen mit erstaunlich großer Stückzahl ausgeglichen. – **Verwandte:** Die Gattung *Marasmius* umfaßt bei uns etwa 30, oft winzige Arten. Von Interesse als hochgeschätzter Gewürzpilz ist der Küchenschwindling, auch Mousseron genannt, *Marasmius scorodonius* Fr., mit intensivem Knoblauchgeruch, ein kleiner Pilz mit höchstens 2,5 cm Hutbreite, bis 3 cm langem, kahlem, hornartigem, rotbraunem, oben weißem Stiel. Getrocknet als Würzpilz geeignet. Man darf ihn nicht mit dem Nadelschwindling *Microomphale perforans* (Hof. ex Fr.) Sing., verwechseln. Er gleicht einem kleinen Küchenschwindling, wächst immer aus einer einzigen Fichtennadel heraus, riecht aber nicht nach Knoblauch, sondern stinkt unangenehm.

Violetter Ritterling

Lepista nuda (Bull. ex Fr.) Cooke

Schneeglöckchen zeigen den Frühling, Astern den Herbst an. Auch unter den Pilzen gibt es Arten, deren Erscheinen auf eine bestimmte Jahreszeit hinweist. Zu diesen gehört der Violette Ritterling, denn sein Erscheinen bedeutet für den Pilzfreund, daß das Pilzjahr sich seinem Ende nähert. Der auch gebräuchliche Name Violetter Rötelritterling erinnert daran, daß der Pilz früher zu den Ritterlingen *(Tricholoma)* gerechnet wurde, daß er sich aber von dieser Gattung durch rötliche Sporen unterscheidet und deshalb für diese Gruppe die Gattung *Lepista* (Rötelritterlinge) geschaffen wurde. – **Merkmale:** *Hut:* Durchschnittlich 12 cm breit, schön gewölbt mit lange eingerolltem Rand, zuerst violett, bald aber verblassend und bräunend. *Lamellen:* Auch bei schon entfärbtem Hut noch schön violett, ziemlich dicht stehend, von verschiedener Länge. Sie lassen sich vom Hutfleisch leicht ablösen. *Stiel:* Annähernd 10 cm lang und 2 cm dick, in der Farbe dem Hut ähnlich, faserig. Auch das im Boden befindliche Mycel ist violett gefärbt. *Fleisch:* Jung violett, im alternden Pilz ausblassend, bei feuchtem Wetter wässerig, angenehm duftend. – **Vorkommen:** Wächst vom September bis in den Spätherbst, einzelne Stücke schon im Mai; aber auch noch im November und Dezember, steif gefroren, in verschiedenen Waldtypen, meist in Hexenringen oder langen Reihen anzutreffen. – **Verwechslung:** Darf nicht mit anderen violetten Blätterpilzen von ähnlichem Aussehen verwechselt werden. Der Anfänger achte darauf, daß verwechselbare Haarschleierlinge *(Cortinarius)* daran zu erkennen sind, daß sie einen Haarschleier aufweisen, der vom Hutrand zum Stiel zieht und der Sporenstaub deutlich rostbraun gefärbt ist. Besonders naheliegend ist die Verwechslung mit dem Liladickfuß, *Cortinarius traganus* Fr., der sich überdies durch einen abstoßenden Geruch verrät. – **Verwendung:** Der Violette Ritterling ist ein sehr geschätzter Speisepilz, der auch gerne in Essig eingelegt wird. Erfrorene Exemplare sind zu meiden! Er findet teils begeisterte Liebhaber, teils aber auch Verächter, die seinen süßlichen Geschmack abstoßend finden. – **Verwandte:** Maskierter Ritterling, *Lepista personata* Fr., mit braunem Hut und kräftig violettem Stiel, eßbar, und Blaßblauer Rötelritterling, *Lepista glaucocana* (Bres.) Singer, in allen Teilen blasser gefärbt, kaum zu empfehlen.

Riesenrötling

Rhodophyllus sinuatus (Bull. ex Fr.) Sing.

Wie der deutsche Name vermuten läßt, handelt es sich um einen recht großen, stattlichen Pilz, der in wenigen Exemplaren gesammelt, eine ergiebige Mahlzeit erhoffen läßt. Er sieht appetitlich aus und auch der Geruch nach Mehl wirkt vertrauenerweckend. Dabei handelt es sich um einen stark giftigen Pilz, der schon kurz nach der Mahlzeit beängstigende Krankheitsbilder erzeugt. – **Merkmale:** *Hut:* Bis 18 cm Durchmesser, gewölbt, mit einem schwach ausgeprägten Buckel, in der Mitte besonders dickfleischig, jedoch mit einem deutlich eingebogenen Rand, elfenbeinfarbig, manchmal heller, manchmal dunkler, seidig glänzend. Die Huthaut läßt sich abziehen. *Lamellen:* Der Name Rötling deutet darauf hin, daß die Lamellen rosarot gefärbt sind. Dieser Farbton stellt sich aber erst verhältnismäßig spät ein; denn die Blätter bleiben auffallend lange gelblich mit einem rosenroten Schimmer. Sie sind, der Größe des Pilzes entsprechend, ziemlich breit, etwas voneinander entfernt und um den Stiel herum ausgebuchtet. *Stiel:* Kräftig, nach unten keulig anschwellend, bis 12 cm lang und bis 4 cm dick, im Alter innen hohl werdend. *Fleisch:* Weißlich, auffallend nach Mehl riechend, mit einem eigentümlichen Beigeschmack. Eine Kostprobe, unschädlich, wenn die kleine zerkaute Menge wieder ausgespuckt wird, verrät nichts von seiner Giftigkeit, denn das Fleisch ist wohlschmeckend. – **Vorkommen:** Es gibt Gegenden, in denen der Riesenrötling fast unbekannt ist oder sich an wenigen Stellen findet, die von Pilzfreunden geheimgehalten werden. Anderorts ist er häufiger, besonders auf nährstoffreichen Böden unter Buchen und Eichen, so z. B. im wärmeren Südwesten Deutschlands. – **Verwechslung:** Er wird mit verschiedenen Pilzen verwechselt, z. B. dem Schafchampignon, *Agaricus arvensis* Schff. ex Fr. (S. 84 oben), dem Mönchskopf, *Clitocybe geotropa* (Bull. ex Fr.) Quel., und besonders mit dem Nebelgrauen Trichterling, *Clitocybe nebularis* (Batsch ex Fr.) Kummer (S. 46), der allerdings meist erst dann auftritt, wenn die Riesenrötlinge schon selten werden. – **Verwendung:** Verhältnismäßig stark giftig und in Ländern, wo er häufiger vorkommt, ist er, wie in der Schweiz und Frankreich, zu einem erheblichen Teil an den klinisch behandelten Pilzvergiftungen beteiligt. Neben schweren Verdauungsstörungen, tagelangen Kopf- und Leibschmerzen, führt er zu Benommenheit und Schwächezuständen, kaum aber zu Todesfällen.

Brauner Dachpilz

Pluteus atricapillus (Secr.) Sing.

Wenn wochenlang kein Regen mehr fällt und der Boden Trockenrisse aufweist, ist die Aussicht, Pilze zu finden, sehr gering, der Wald praktisch pilzleer. Wer aber schon einige Erfahrung gesammelt hat, weiß auch in solchen Dürrezeiten, wo er suchen muß, um eine Mahlzeit heimzubringen. Selbst bei trockenem Waldboden enthalten nämlich Baumstrünke immer noch verhältnismäßig viel Feuchtigkeit und ermöglichen einigen Pilzen das Wachstum. Auf Strünken gedeihen der Breitblättrige Rübling, *Oudemansiella platyphylla* (Pers. ex Fr.) Mos., der Rauchblättrige Schwefelkopf, *Hypholoma capnoides* (Fr.) Kummer, und das Stockschwämmchen, *Kuehneromyces mutabilis* (Schff. ex Fr.) Sing. Zu diesen Moderholzbewohnern gehört auch der Braune Dachpilz. – **Merkmale:** *Hut:* Bis 15 cm Durchmesser, nach dem Aufschirmen flach gewölbt und leicht gebuckelt, in allen Abstufungen von Hellbraun bis Schwarzbraun, von der Hutmitte aus radialfaserig. *Lamellen:* Die Blätter sind anfangs fast weiß, nehmen dann allmählich einen rötlichen Ton an und werden schließlich kräftig fleischrot. Sie sind bauchig, gegen den Stiel hin abgerundet und berühren den Stiel nicht, ein wichtiges Merkmal aller Dachpilze. *Stiel:* Bis 12 cm lang und über 1 cm dick, schlank, auf weißlichem Grund mit braunen Fasern bedeckt, vollfleischig. *Fleisch:* Ziemlich dünn, nur im Hutbuckel etwas fleischiger, ohne auffallenden Geruch oder Geschmack. – **Vorkommen:** Der Braune Dachpilz ist ein ausschließlicher Holzbewohner, kommt also auf morschen Baumstrünken, seltener auf herabgefallenen Ästen vor. Er bevorzugt während der ganzen wärmeren Jahreszeit Laubholzstümpfe, und zwar auch dann, wenn andere Pilze wegen Trockenheit das Wachstum eingestellt haben. Wurde auch schon in Kellern auf lagerndem Holz gefunden. – **Verwechslung:** In Mitteleuropa sind etwa 3 Dutzend Dachpilze, fast ausschließlich Holzbewohner, meist klein und ohne praktische Verwertbarkeit anzutreffen. Sehr ähnlich ist der Schwarzschneidige Dachpilz, *Pluteus atromarginatus* (Konr.) Kuehner, der sich vom Braunen Dachpilz dadurch unterscheidet, daß die Lamellenschneide schwarz gerandet ist. Er kann ebenfalls gegessen werden, wächst aber nur auf Nadelholzstrünken. – **Verwendung:** Der Braune Dachpilz ist eßbar, wird aber wenig gesammelt und geschätzt, weil er nicht ergiebig ist. Unter den Dachpilzen ist kein Giftpilz bekanntgeworden.

Fliegenpilz

Amanita muscaria (L. ex Fr.) Hooker

Bilder vom Fliegenpilz findet man nicht nur in der Fachliteratur, sondern auch in Kinderbüchern. Auf Neujahrskarten erblickt man seinen roten Hut mit den weißen Tupfen als Glückssymbol, kurzerhand, der Fliegenpilz ist wohl einer der bekanntesten Pilze überhaupt. Trotzdem wird er mit eßbaren Pilzen verwechselt und völlig falsche Ansichten über seine Genießbarkeit – er ist doch ein gefährlicher Giftpilz! – werden verbreitet. – **Merkmale:** *Hut:* In der Jugend von einer weißen Hülle umschlossen, die erst beim Aufschirmen zerreißt und dann die rote Huthaut erkennen läßt. Sie ist leuchtend rot, manchmal etwas gelblich, bedeckt mit den Resten des Velums, den weißen Tupfen auf dem roten Grund. Erreicht einen Durchmesser bis zu 20 cm. Im Traufbereich von Bäumen können die Velumreste auch ganz verschwinden, so daß der Hut einheitlich rot erscheint. Der Rand ist schwach gerieft. *Lamellen:* Weißlich, frei, d. h. sie halten Abstand vom Stiel. *Stiel:* Bis 20 cm hoch und bis 2 cm dick. Am unteren Stielende bemerkt man mehrere übereinanderliegende, warzige Gürtel, welche Reste des allgemeinen Velums darstellen. Am oberen Teil des Stieles zeigt sich eine weiße Manschette. – **Vorkommen:** Der Fliegenpilz ist vom Sommer bis in den Herbst häufig zu finden, gerne in Nadelwäldern, besonders oft trifft man ihn unter Birken. Er geht vom Flachland bis ins Gebirge und ist auf der ganzen nördlichen Hemisphäre verbreitet. – **Verwechslung:** Junge Fliegenpilze, an denen man noch kein Rot sieht, werden leicht für Flaschenboviste, *Lycoperdon gemmatum* Batsch (S. 130), gehalten. Im Zweifelsfalle schneidet man den Pilz durch. Beim Fliegenpilz erscheint eine rotgelbe Linie, die beim Flaschenbovist fehlt. – **Verwendung:** Fliegenpilze sind stark giftig. Es muß zugegeben werden, daß der Giftgehalt wechselt und daß in Ostasien Fliegenpilze zu berauschenden Zwecken verzehrt werden. Es ist aber nicht glaubhaft, daß die *Amanita muscaria* nach dem Abziehen der roten Huthaut völlig unschädlich wäre. Die Vergiftungen führen zu Tobsuchtsanfällen, zu Seh- und Sprachstörungen, allerdings nur selten zum Tod. Milch, die durch Fliegenpilze vergiftet war, wurde früher zum Töten von Fliegen benützt, woraus sich der Name des Pilzes erklärt. – **Verwandte:** Der Fliegenpilz ist ziemlich veränderlich. Es gibt eine nahestehende Form, den Braunen Fliegenpilz, *Amanita muscaria,* var. *umbrina,* mit brauner statt roter Huthaut, welcher genauso giftig ist und hauptsächlich in Gebirgsnadelwäldern vorkommt.

Weißer Knollenblätterpilz

Amanita verna (Bull. ex Fr.) = *Amanita virosa* (Lam. ex Secr.)

Blätterpilze, die in allen Teilen, Hut, Lamellen und Stiel rein weiß sind, sollte man stets besonders sorgfältig prüfen; denn der tödlich giftige Weiße Knollenblätterpilz ist auch rein weiß. – **Merkmale:** *Hut:* Oft spitzkegelig, bis 10 cm breit, klebrig, trocken glänzend, höchstens in der Hutmitte schwach elfenbeinfarbig. *Lamellen:* Rein weiß mit flockiger Schneide. *Stiel:* Bis 15 cm lang, aus einer häutigen Scheide entspringend, mit einer weißen, hochsitzenden Manschette am Stiel, die im Alter verschwinden kann. *Fleisch:* Weiß, riecht unangenehm. Kostproben werden besser ganz vermieden! – **Vorkommen:** Schon im Juli auftretend und in Laub- und Nadelwäldern bis in den Herbst zu finden. – **Verwechslung:** Die tödlichen Vergiftungen entstehen dadurch, daß Sammler den Weißen Knollenblätterpilz mit Champignons (S. 84) verwechseln. Diese haben aber nur ganz jung weiße Lamellen, die sich alsbald dunkel färben. Beim Champignon fehlt auch stets die Scheide am unteren Ende des Stieles. Vergiftungserscheinungen treten erst nach 11–12 Stunden auf und bringen den Erkrankten in ernste Lebensgefahr.

Kaiserling

Amanita caesarea (Scop. ex Fr.) Pers. ex Schw.

Wirklicher Pilzfreund ist man nicht nur während der Pilzsaison im Sommer und Herbst, sondern das ganze Jahr, einschließlich der Urlaubszeit. Führen die Ferienziele in südliche Gegenden, dann können wir mit Funden rechnen, die man daheim nicht zu sehen bekommt. Zu ihnen gehört der Kaiserling. – **Merkmale:** Erstmals gefunden, glaubt man zunächst, einen Fliegenpilz vor sich zu haben, bald bemerkt man aber deutliche Unterschiede. *Hut:* Leuchtend rot bis orange, ohne weiße Flocken. *Lamellen:* Prächtig goldgelb, verschieden lang. *Stiel:* Goldgelb, aus einer weißen Scheide entspringend, die anfangs den ganzen Pilz einhüllt, der jung einem weißen Ei ähnelt. Stiel mit gelber Manschette. *Fleisch:* Gelblich. – **Vorkommen:** In wärmeren Gegenden, bei uns selten. – **Verwechslung:** Wo Fliegenpilz (S. 68) und Kaiserling zusammen vorkommen, besteht Verwechslungsgefahr, im Eizustand sogar mit dem Knollenblätterpilz. – **Verwendung:** Ein hochgeschätzter, erstklassiger Leckerbissen. Nördlich der Alpen ist dieser ungewöhnlich schöne Blätterpilz so selten, daß er, um ihn zu erhalten, nicht gesammelt werden sollte.

Pantherpilz

Amanita pantherina (DC. ex Fr.) Secr.

Der Pantherpilz hat schon in vielen Fällen zu Vergiftungen geführt. In älteren Pilzbüchern ist er nämlich oft mit dem Grauen oder Gedrungenen Wulstling, *Amanita spissa* (Fr.) Kummer, verwechselt worden, der eßbar ist. Abbildungen des Gedrungenen Wulstlings waren als Pantherpilz bezeichnet. – **Merkmale:** *Hut:* Bis 10 cm breit, halbkugelig, später ausgebreitet, Haut abziehbar mit weißen Flöckchen in konzentrischen Ringen, Hutrand gerieft, hellbraun. *Lamellen:* Weiß, dicht. *Stiel:* Bis 12 cm hoch, weiß, hohl, aus einer ungelappten Knolle, wie aus einem Blumentopf herauswachsend, trägt eine weiße, nicht geriefte, völlig glatte Manschette. *Fleisch:* Weiß, mit Rettichgeruch. – **Vorkommen:** Im Kiefernwald auf Sandboden häufig, sonst seltener, Sommer und Herbst. – **Verwechslung:** Mit dem eßbaren Grauen Wulstling, dessen Manschette deutlich gerieft ist (wichtigstes Unterscheidungsmerkmal!) – **Verwendung:** Der Pantherpilz ist ein gefährlicher Giftpilz, der durch Verwechslung mit dem Grauen Wulstling Ursache zahlreicher Erkrankungen war, die allerdings nur selten zum Tod führten.

Grauer oder Gedrungener Wulstling

Amanita spissa (Fr.) Kummer.

Merkmale: *Hut:* Bis 12 cm breit, zuerst halbkugelig, nach dem Aufschirmen flach gewölbt, graubräunlich, mit weißen Flöckchen bedeckt. Der Hutrand ist kaum gerieft. *Lamellen:* Weiß, mit flockiger Schneide, gegen den Stiel abgerundet. *Stiel:* Oft dick, gedrungen, mit einem Ring, der sehr fein, aber deutlich gerieft ist, einem fein plissierten Damenrock ähnlich, was von Augen mit Sehfehlern nicht oder nur mit einer Lupe wahrnehmbar ist. Das untere Ende ist knollig verdickt. *Fleisch:* Weiß, leicht bräunlich verfärbend. – **Vorkommen:** Ein sehr häufiger Pilz in Laub- und Nadelwäldern. – **Verwechslung:** Wird häufig mit dem Pantherpilz verwechselt. Ältere Exemplare, bei denen der Ring abgefallen oder bereits so verwelkt ist, daß nicht mehr festzustellen ist, ob er gerieft war oder nicht, scheidet man aus. – **Verwendung:** Der Graue Wulstling ist ein Speisepilz, der von Kennern gesammelt wird. Da er im Aussehen stark variiert, mäßig schmackhaft ist und leicht verwechselt wird, sollen Anfänger besser die Hände von ihm lassen.

Grüner Knollenblätterpilz

Amanita phalloides (Vaill. ex Fr.) Secr.

Der Grüne Knollenblätterpilz ist einer der gefährlichsten Giftpilze. Genau wie der Kegelhütige Knollenblätterpilz, *Amanita virosa* Lam. ex Secr., der in Amerika »destroying angel«, »Todesengel« genannt wird, hat er viele Menschen, ganze Familien, einmal sogar 31 Kinder eines Ferienlagers tödlich vergiftet. Jeder Pilzsammler müßte ihn kennen. Er ist deshalb so gefährlich, weil die Vergiftungserscheinungen erst am Tage nach der Mahlzeit eintreten, wenn der Giftstoff ins Blut übergetreten ist, also Brech- und Abführmittel nichts mehr helfen. Die scheinbare Besserung am 3. Tage ist nur trügerisch. – **Merkmale:** *Hut:* Jung ist der ganze Pilz vom Velum universale überzogen und gleicht einem weißen Ei. Erst wenn diese Hülle platzt, kommt der Hut zum Vorschein. Er ist zunächst glockig, schirmt dann auf und erreicht einen Durchmesser von 15 cm. Er ist etwas klebrig und irgendwie grün, mit dunkleren, radial eingewachsenen Fasern. Selten trägt er noch Fetzen des Velums universale. *Lamellen:* Weiß, später etwas grünlich schimmernd, leicht angeheftet bis frei. *Stiel:* Bis 15 cm hoch, weiß mit einer herabhängenden Manschette. Unterhalb dieser zeigt der Stiel ein sehr zartes, feinschuppig-genattertes Bandmuster. *Fleisch:* Weiß, unter der Huthaut etwas grünlich. Das Fleisch verfärbt sich an der Luft nicht. Der Stiel ist an seinem unteren Ende von einer häutigen, gelappten Scheide umgeben, die den Namen Knollenblätterpilz bewirkt hat. – **Vorkommen:** In Eichen- und Buchenwäldern nicht selten, von Juli bis Oktober. – **Verwechslung:** Die Verwechslung mit ähnlichen Speisepilzen ruft die Gefahr einer tödlich verlaufenden Pilzvergiftung hervor. Wenn man deshalb an einen grünhütigen Blätterpilz herangeht, dann nehme man sorgfältig den ganzen Pilz heraus und schneide ihn nicht ab, sonst bleibt ein wichtiges Kennzeichen im Boden, nämlich die häutige Scheide. Grüne, eßbare Täublinge, mit denen er verwechselt wird, haben weder einen Ring noch eine Scheide am Stielgrund. Der Grünling, *Tricholoma flavovirens* (Pers. ex Fr.) Lund (S. 52 unten), ein vielgesammelter Speisepilz sandiger Kiefernwälder, mit dem er auch schon verwechselt wurde, unterscheidet sich durch gelbe Lamellen und hat ebenfalls weder Ring noch Scheide.

Bei Verdacht einer Vergiftung durch Knollenblätterpilze ist sofortige klinische Behandlung erforderlich, möglichst in einer toxikologischen Spezialabteilung, wie sie in fast allen größeren Städten vorhanden ist.

Perlpilz

Amanita rubescens (Pers. ex Fr.) Gray

Die Zahl der früher gesammelten Speisepilze war gering. Außer Steinpilz, Rotkappe, Birkenpilz und Eierschwamm wurde kaum etwas gesucht. Gegen Blätterpilze war man immer mißtrauisch und gar einen Wulstling, also einen Vertreter aus der Gattung *Amanita* zu verspeisen, wäre leichtsinnig erschienen. Das würde heute übertriebene Vorsicht sein, war bei der damals mangelnden Information aber sehr angebracht. Daher wird der Perlpilz erst in jüngster Zeit von einem größeren Kreis von Sammlern gesucht. Der sich einbürgernde Name »Fleischchampignon«, der sich auf das Röten des Fleisches bezieht, ist unwissenschaftlich; denn die weiße Sporenfarbe trennt ihn von den dunkelsporigen Champignons *(Agaricus)*. – **Merkmale:** *Hut:* Im Durchschnitt 12 cm breit, erst halbkugelig, nach dem Aufschirmen flach gewölbt, rötlichbraun, doch oft sehr blaß, mit vielen weißen Warzen, die manchmal vom Regen abgewaschen sind. *Lamellen:* Anfangs weiß, später rötlich, dichtstehend. *Stiel:* Bis 15 cm hoch, meistens sehr kräftig, in der Farbe dem Hut ähnlich, doch immer blasser. Am Stiel hängt eine große, weiße, geriefte Manschette. Unten wird der Stiel knollig, oft mit einigen schwach ausgeprägten, schuppigen Gürteln. *Fleisch:* Weiß, aber bei Verletzung immer mehr oder minder stark rötend, ein wichtiges Merkmal zur Erkennung. Ohne auffallenden Geruch und Geschmack. – **Vorkommen:** Ein sehr häufiger Pilz der Laub- und Nadelwälder, welcher in den Sommer- und Herbstmonaten in Mengen gesammelt werden kann. – **Verwechslung:** Der Perlpilz ist sehr variabel. Neben sehr kräftigen Exemplaren findet man so schmächtige, daß es dem Anfänger kaum glaubhaft erscheinen wird, daß diese so unterschiedlichen Formen alle nur Vertreter einer einzigen Art sein sollen. Solche kümmerlichen Formen tragen häufig eine gelbe Manschette, aber auch sie röten, weisen also das entscheidende Merkmal auf. Keiner der schwergiftigen Wulstlinge *(Amanita)* besitzt ein rötendes Fleisch. – **Verwendung:** Perlpilze sind wohlschmeckende, ergiebige Speisepilze. Roh soll man sie nicht verzehren. Leider wird der Perlpilz sehr häufig von den Maden der Pilzmücken befallen. – **Verwandte:** In manchen Pilzbüchern kann man von einem Falschen Perlpilz, *Amanita pseudorubescens* Herrf., lesen, der angeblich giftig sein soll. Er wird als dunkel, grauviolett beschrieben, ist aber vielleicht nur eine Form extrem trockener Standorte. Die unbewiesene Vermutung soll die Wertschätzung des Perlpilzes nicht beeinträchtigen.

Scheidenstreifling

Amanita (Amanitopsis) vaginata ss. lato

Der Scheidenstreifling wurde früher lat. *Amanitopsis* benannt, d. h. wie eine *Amanita* (Wulstling) aussehend, aber von ihm durch das Fehlen eines Ringes am Stiel unterschieden. Als man feststellte, daß im frühesten Jugendstadium doch Andeutungen eines Ringes vorhanden sind, wurde er wieder in die Gattung *Amanita* eingegliedert. – **Merkmale:** Scheidenstreiflinge sind, besonders was ihre Hutfarben anbelangt, derart verschieden, daß man sie auch als ein halbes Dutzend Arten oder Unterarten auffassen kann. *Hut:* Im Durchschnitt 10 cm breit, mit einem kleinen, aber deutlichen Buckel. Auffallend ist die starke Radialriefung des Hutrandes. Junge Pilze sind völlig vom weißen Velum universale umschlossen, so wie ein Ei von seiner Schale. Die Farbe des Hutes hat einen weiten Spielraum: Weiß, grau, gelblich, rotbraun, dunkelbraun. *Lamellen:* Weiß, frei vom Stiel. *Stiel:* Bis 12 cm lang, schlank, hohl, leicht zerbrechlich, etwas der Hutfarbe entsprechend gefärbt oder gebändert, stets ohne Ring, am unteren Ende aus einer häutigen, oft zerschlitzten Scheide herauswachsend. Der Name Scheidenstreifling beinhaltet also zwei wichtige Merkmale, die Riefung am Hutrand und die Scheide am Stielfuß. *Fleisch:* Weich und weiß, sonst nicht auffällig. – **Vorkommen:** In seinen verschiedenen Formen in allen möglichen Waldtypen, vom Flachland bis ins Gebirge, weltweit verbreitet. – **Verwechslung:** Ganz besondere Vorsicht ist geboten, wenn man rein weiße Scheidenstreiflinge sammelt, damit man nicht versehentlich einen Weißen Knollenblätterpilz ins Sammelgut bringt. Dieser Giftpilz unterscheidet sich durch einen Ring und er hat keinen gerieften Rand. Auch sehr junge Scheidenstreiflinge, welche noch die Eiform haben, sind sorgfältig zu prüfen. Man schabt das häutige Velum universale weg, um zu sehen, ob der künftige Hutrand schon deutlich gerieft ist. Das kann man auch bei ganz jungen Exemplaren feststellen. – **Verwendung:** Scheidenstreiflinge sind eßbar, wegen ihrer Dünnfleischigkeit aber nicht besonders ergiebig. Die verschiedene Hutfarbe ist für die Genießbarkeit ohne jede Bedeutung. Im rohen Zustand nicht bekömmlich. – **Verwandte:** Gelegentlich findet man einen Scheidenstreifling von besonderer Größe, mit dicken, grauen Velumresten auf dem Hut und einer mehrfachen Scheide am Stiel. Das ist der Riesenscheidenstreifling, *Amanita inaurata,* Secr., ebenfalls ein brauchbarer Speisepilz.

Parasolpilz

Macrolepiota procera (Scop. ex Fr.) Sing.

Der Parasolpilz, auch Großer Schirmling genannt, verdient seinen Namen zu Recht; denn kaum ein anderer Blätterpilz erreicht eine Hutbreite bis 30 cm, wie er. Parasol bedeutet Sonnenschirm und der Name trifft damit seine Gestalt recht anschaulich. Früher gehörte der Pilz zur Gattung der Schirmlinge *(Lepiota)*. Besonders große Sporen, der anatomische Bau der Huthaut, der bewegliche Ring und der grobschuppige Hut haben die Mykologen veranlaßt, für ihn und seine nächststehenden Verwandten die Gattung *Macrolepiota* (Riesenschirmlinge) zu schaffen. – **Merkmale:** *Hut:* Hat zuerst eine eirunde Form und gibt dem noch nicht aufgeschirmten Pilz die Gestalt eines Paukenschlegels. Nachdem sich die Kappe ausgebreitet und verflacht hat, erreicht sie eine Breite bis zu 30 cm. Während die Hutmitte glatt und braun bleibt, lösen sich die randlichen Teile der Huthaut in grobe Schuppen auf. Zwischen ihnen erblickt man das helle Hutfleisch. *Lamellen:* Die breiten, weißen Blätter sind frei, d. h., nicht mit dem Stiel verbunden. *Stiel:* Unten keulig wie ein Trommelschlegel, bis 30 cm hoch, schlank, braun genattert. Besonders auffallend und ein wichtiges Merkmal ist ein doppelter Ring, der sich, behutsam angefaßt, am Stiel verschieben läßt. *Fleisch:* Bei Verletzung weiß bleibend, angenehm in Geruch und Geschmack (nußartig). – **Vorkommen:** Kaum im dichten Wald, sondern im Sommer und im Herbst auf Lichtungen, an Waldrändern und waldnahen Wiesen. Trotzdem der Pilz an keinen bestimmten Baum gebunden ist, findet man ihn alljährlich standorttreu an den gleichen Plätzen. – **Verwechslung:** In seiner typischen Ausbildung kaum mit einem anderen Großschirmling zu verwechseln. Nur ganz junge Exemplare, kaum 5 cm hoch, haben ein so absonderliches Aussehen, daß ein Anfänger bestimmt nicht vermuten kann, daß sich daraus ein normaler Parasolpilz entwickeln wird. – **Verwendung:** Der Parasolpilz ist ein hochgepriesener Speisepilz, der sich wie seine Verwandten, die auf afrikanischen, asiatischen und europäischen Märkten verkauft werden, besonders als Schnitzel zubereitet, empfiehlt. Die holzigen Stiele können allerdings nicht verwendet werden. – **Verwandte:** Es überrascht, wenn man kleinere »Parasolpilze« findet, die beim Durchschneiden intensiv safrangelb anlaufen. Diese Art heißt Safranschirmling, *Macrolepiota rhacodes* (Vitt.) Sing. Sie wächst im Waldinnern, ist kleiner als der Parasol und wie der Große Schirmling verwendbar.

Waldchampignon

Agaricus silvaticus (Schff. ex Secr.)

Eine beträchtliche Anzahl von Pilzvergiftungen beruht darauf, daß Knollenblätterpilze (S. 70 oben, S. 74) mit Champignons verwechselt werden. Das könnte nicht vorkommen, wenn die grundlegenden Unterschiede zwischen beiden Gattungen jedem Pilzsammler klar wären. Man präge sich unvergeßlich ein, daß alle Champignons Lamellen aufweisen, die nur anfangs weiß sind, später aber rosarot, rot und schließlich purpurbraunschwarz werden. Knollenblätterpilze aber haben immer rein weiße Lamellen. Champignons sind am unteren Stielende unbescheidet, Knollenblätterpilze haben eine deutliche Scheide. – **Merkmale:** *Hut:* Bis 10 cm breit, erst halbkugelig, aufgeschirmt flach gewölbt, zuletzt Hutmitte vertieft. Die Kappe ist dicht mit feinen, bräunlichen, faserigen Schuppen bedeckt. *Lamellen:* Erst ziemlich blaß, doch kaum rein weiß, allmählich rötlich, dann schokoladefarbig, zuletzt fast schwarz werdend (wichtiges Merkmal!). *Stiel:* Weiß, bis 12 cm lang, bei Berührung, besonders bei Druck deutlich rötend. Im oberen Stielteil ein Ring, der sich durch die ausfallenden Sporen allmählich dunkel färbt. *Fleisch:* Weiß, aber beim Anschneiden sich sofort rot färbend, mit schwachem, holzartigem Geruch. – **Vorkommen:** Dieser Champignon ist, obwohl das französische Wort eigentlich »auf dem Felde wachsend« bedeutet, ein ausgesprochener Waldbewohner, besonders in Fichtenforsten, in deren Nadelstreu er gedeiht. Häufig vom Sommer bis in den Herbst, büschelig oder nesterweise wachsend. – **Verwechslung:** Es gibt einige Champignonarten, die dem Waldchampignon sehr ähnlich sind. Da sie aber ebenfalls eßbar sind, können sie ohne Bedenken gesammelt werden. Nur eine Verwechslung wäre unangenehm, nämlich mit dem Perlhuhnnegerling, *Agaricus meleagris* J. Schff., der giftig ist. Wenn man ihn am unteren Stielende anschneidet, dann färbt sich die Schnittfläche leuchtend chromgelb. Er kann starke Verdauungsstörungen hervorrufen. – **Verwendung:** Guter Speisepilz. – **Verwandte:** Etwas größer als der Waldchampignon ist der ihm sonst sehr ähnliche Große Waldegerling, *Agaricus langei* Moell., der eßbar ist und eine andere, an den Laubwald gebundene Art, der Große Blutegerling, *Agaricus haemorrhoidarius* Kalchbr. u. Schulz, welcher besonders intensiv rötet. Die auf der folgenden Tafel abgebildeten Champignons erfreuen sich höherer Wertschätzung.

Schafchampignon

Agaricus arvensis (Schff. ex Fr.)

Champignons, verdeutscht auch Egerlinge (= Ackerlinge), zeigen nach Druck, Verletzung oder Anschneiden bei der Verfärbung ihres Fleisches ein sehr verschiedenes Verhalten. Die eine Gruppe hat ein mehr oder minder stark rötendes, die andere ein deutlich gilbendes Fleisch. Zu denen, die eine gelbliche Reaktion zeigen, gehört der Schafegerling. – **Merkmale:** *Hut:* Bis 20 cm breit, anfangs glockig, dann flachgewölbt, zuerst rein weiß, später oder auch an Stellen, wo er berührt wurde, gilbend, seidenglänzend. *Lamellen:* Zuerst grau, dann rötend, fleischfarbig und zuletzt dunkel schokoladebraun. *Stiel:* Weiß, bis 15 cm, schlank, mit Ring. *Fleisch:* Weiß, deutlich nach Anis duftend, ein wichtiges Merkmal. – **Vorkommen:** Im Sommer und Herbst an Waldrändern, auf Lichtungen, in Gebüschen, in Parks und Gärten. – **Verwechslung:** Gefährlich ist die Verwechslung mit dem Weißen Knollenblätterpilz (S. 70 oben), sowie mit dem Karbolegerling, *Agaricus xanthodermus* Gen., der sich durch chromgelbes Fleisch in der Stielbasis unterscheidet. – **Verwendung:** Ein köstlicher Speisepilz, dem Zuchtchampignon zumindest ebenbürtig.

Wiesenchampignon

Agaricus campester (L.) Fr.

Wenn wochenlang heißes, trockenes Wetter das Pilzwachstum fast zum Erliegen gebracht hat und es kommt dann zu ergiebigen Regenfällen, so ist es Zeit, nach dem Wiesenchampignon Ausschau zu halten. – **Merkmale:** *Hut:* Ein Pilz mittlerer Größe, dessen Hutdurchmesser 10 cm kaum überschreitet. Erst halbkugelig, dann abgeflacht, weiß, manchmal auch mit feinen, bräunlichen Schuppen. *Lamellen:* Zuerst rosarot und dann immer dunkler werdend, zuletzt fast schwarz. *Stiel:* Im Mittel 7 cm lang und bis 2 cm dick, beringt. *Fleisch:* Weiß, meistens ganz schwach rötlich anlaufend, mild schmeckend, aber nie nach Anis duftend. – **Vorkommen:** Bei günstiger Witterung oft in Massen auf Wiesen, Weiden in Pferdekoppeln. – **Verwechslung:** In Waldnähe besonders auf Verwechslung mit Knollenblätterpilzen (S. 70 oben) achten! – **Verwendung:** Ein hochgeschätzter Speisepilz. – **Verwandte:** Es gibt in Mitteleuropa annähernd 50 verschiedene Champignons, teilweise schwer unterscheidbar, nur mit Spezialliteratur zu bestimmen. Keiner davon Ist giftig, abgesehen von den wenigen Arten mit auffallend gelbem Fleisch in der Stielbasis.

Ziegelroter Rißpilz

Inocybe patouillardii (Bres.)

Fliegenpilz und Ziegelroter Rißpilz sind in ihrem Aussehen zwar grundverschieden, aber beide enthalten den gleichen Giftstoff, nämlich Muskarin. Daß der Rißpilz noch weit gefährlicher als der Fliegenpilz ist, kommt daher, daß in der gleichen Gewichtsmenge beim Rißpilz zwanzigmal soviel Gift als beim Fliegenpilz enthalten ist. – **Merkmale:** *Hut:* Bis 8 cm breit, spitzkegelig, dann aufschirmend, radialfaserig, oft mit eingerissenem Rand, anfangs weiß, ziegelrot verfärbend. *Lamellen:* Weißlich, dann gelblich bis olivfarben. *Stiel:* Bis 7 cm lang, bis 1 cm dick, erst weiß, später rötlich. *Fleisch:* Weiß, auch schwach rötend. – **Vorkommen:** Erscheint schon früh, nämlich im Mai und Juni, in individuenreichen Gruppen, auf Wiesen, an Waldrändern, im Gebüsch und in Parkanlagen. – **Verwechslung:** Junge Exemplare, die noch rein weiß sind, können leicht mit Champignons oder dem gleichzeitig auftretendem Mairitterling (S. 54 oben) verwechselt werden. Ältere Exemplare sind durch die ziegelrote Verfärbung leicht kenntlich. – **Verwendung:** Ein sehr giftiger Pilz, außerhalb der eigentlichen Pilzzeit auftretend.

Reifpilz

Rozites caperata (Pers. ex Fr.) Karsten

Der Reifpilz gehört zu jenen Pilzen, denen man bisher viel zu wenig Beachtung geschenkt hat. Erst allmählich ist bekanntgeworden, daß er ein guter Speisepilz ist, der den Vergleich mit gekauften Champignons nicht zu scheuen braucht. – **Merkmale:** *Hut:* Im Mittel 10 cm breit, erst halbkugelig, dann aufschirmend, mit deutlichem Buckel. Der Hut ist strohgelblich, jung mit einem lilagrauen Reif bedeckt, der namengebend war, aber im Alter oft vom Regen verwaschen, kaum mehr wahrzunehmen ist. Ältere Stücke sind auf der Kappe runzelig, daher auch Runzelschüppling genannt. *Lamellen:* Blaß, nachdunkelnd mit heller Schneide. *Stiel:* Bis 12 cm lang und 2 cm dick, faserig mit häutigem Ring. *Fleisch:* Weißlich, mit leicht violettem Schimmer. – **Vorkommen:** Nicht überall, aber besonders in sandigen Kiefernwäldern im Sommer und Herbst häufig. – **Verwechslung:** Ähnliche Haarschleierlinge *(Cortinarius)* haben niemals einen häutigen Ring. – **Verwendung:** Der Reifpilz ist ein vorzüglicher Speisepilz, den aber nur wenige Sammler genau kennen und verwenden.

Semmelfarbiger Schleimkopf
Cortinarius varius Fr.

Nur solche Pilze, für die sich immer schon Sammler interessierten, haben bezeichnende deutsche Namen; andere, die sich erst allmählich als Speisepilze einbürgern, werden in der Pilzliteratur unterschiedlich benannt. So liest man für *Cortinarius varius* auch Blaublätteriger – oder Ziegelgelber Schleimkopf. Einer dieser Namen wird sich durchsetzen. – **Merkmale:** *Hut:* Bis 10 cm breit, erst halbkugelig, dann abgeflacht, semmelfarbig, am Rand gelblich, schmierig. *Lamellen:* Schön blauviolett und erst alternd vom Sporenstaub braun gefärbt. *Stiel:* Weißlich, nach unten keulig anschwellend, mit den Resten eines Haarschleiers, der bei jungen Stücken Hutrand und Stiel verbindet. *Fleisch:* Weiß, mild schmeckend. – **Vorkommen:** Ein Herbstpilz, der im Nadelwald auf Kalkboden häufig zu finden ist. – **Verwechslung:** Könnte mit ähnlichen Schleimköpfen verwechselt werden, unter denen sich zwar keine giftigen, aber minderwertige Arten befinden. – **Verwendung:** Der Semmelfarbige Schleimkopf, leicht an seinen blauvioletten Blättern kenntlich, ist ein guter, noch wenig bekannter Speisepilz.

Violetter Schleierling
Cortinarius violaceus (L.) Fr.

Wird dieser auffallend prächtig gefärbte Schleierling auf einer gemeinsamen Exkursion gefunden, dann wandert er bewundert von Hand zu Hand. Für Pilzfreunde, die ihn erstmals sehen, ein unvergeßliches Erlebnis. – **Merkmale:** *Hut:* Im Mittel 10 cm breit, zuerst halbkugelig, dann aufgeschirmt mit leichtem Buckel. Die schuppige Kappe ist violett, alt fast schwarzviolett. *Lamellen:* Jung violett, allmählich von den ausfallenden Sporen bräunlich gefärbt, bauchig, mit ganzrandiger Schneide. *Stiel:* Bis 10 cm lang und bis 2 cm dick, faserig, unten knollig. Der Haarschleier zwischen Hutrand und Stiel ist nur bei jungen Stücken zu sehen. *Fleisch:* Grauviolett, nach Zedernholz riechend. – **Vorkommen:** In Laub- und Nadelwäldern, meist nur in wenigen Exemplaren. – **Verwechslung:** Eine so charakteristische Erscheinung, daß er kaum mit anderen Pilzen verwechselt wird. – **Verwendung:** Eßbar, wird aber kaum verwendet. – **Verwandte:** Beim Violetten Schleierling werden neuerdings eine Laubwaldart, *Cortinarius violaceus* (L. ex Fr.) Fr. und eine Nadelholzart, *Cortinarius hercynicus* (Pers.) unterschieden.

Eulenauge

Cortinarius praestans (Cord.) Gill.

Der Pilz wird auch Schleiereule oder Blaugestiefelter Schleimkopf genannt, weil der Stiel durch das reich entwickelte, blaßbläuliche Velum universale blaugestiefelt erscheint. Eulenauge weist auf den Umstand hin, daß Jungpilze mit aus dem weißen Schleier hervorbrechender tiefbrauner Kappe, an ein Eulenauge erinnern. Der Artname *praestans* = sich auszeichnen, kommt von der ungewöhnlichen Größe. – **Merkmale:** *Hut:* Jung halbkugelig, einer Knolle aufsitzend, dann aufschirmend bis zu 25 cm breit, zuerst völlig vom lilaweißlichen Schleier umgeben, aus dem sich allmählich der tiefbraune Hut löst, der später auffallend runzelig wird. *Lamellen:* Jung weißlich, im Vergleich zum Hutfleisch schmal, sehr dicht stehend. *Stiel:* Bis 15 cm lang und bis 5 cm dick, an der Knolle sogar noch stärker, anfangs auch vom allmählich schwindenden, bläulichen Velum universale bekleidet, schließlich weiß. *Fleisch:* Weiß, fest, sich kaum verfärbend, mit mildem Geschmack und ohne auffallenden Geruch. – **Vorkommen:** Die Schleiereule ist nicht häufig, meist tritt sie in kleinen Gruppen auf, wohl ausschließlich in Laubwäldern, bei Buchen und Eichen, auf Kalkboden, zerstreut und in manchen Gegenden fehlend. – **Verwechslung:** Naheliegend wäre die Verwechslung mit anderen größeren Schleimköpfen, die in Laubwäldern wachsen. Wenn man aber auf die besondere Größe, den auffallenden Schleier und auf den gerunzelten Hutrand älterer Exemplare achtet, könnte kaum eine Verwechslung unterlaufen. – **Verwendung:** Die Schleiereule ist ein ausgezeichneter und wegen ihrer Größe auch ein sehr ergiebiger Speisepilz, besonders in der Schweiz und von französischen Kennern hochgeschätzt. In Gegenden, wo sich die Schleiereule nur an wenigen Stellen findet, sollten diese Plätze nicht jedermann gezeigt und auf Verwendung der Pilze in der Küche verzichtet werden. – **Verwandte:** Die Schleiereule gehört zur Gruppe der Schleimköpfe *(Phlegmacium),* die bei uns mit weit über 100 Arten vertreten ist. Ihre Unterscheidung erfordert ein eingehendes Spezialstudium. Giftpilze finden sich innerhalb dieser Gattung nicht, doch enthält sie einige sehr bittere Arten. Für einen Anfänger in der Pilzkunde ist es nicht ratsam, sich gleich mit dieser schwierigen Gruppe zu befassen, da sonst leicht die Freude an den Pilzen überhaupt verlorengeht.

Goldfellschüppling

Pholiota aurivella (Batsch ex Fr.) Kummer

Für die Pilzsuche rüstet man sich im allgemeinen mit einem Körbchen und einem Messer aus. Eine Plastiktüte ist ohnehin nicht weidgerecht. Aber mancher Pilzfreund hätte sich im Wald auch schon eine Leiter oder wenigstens Steigeisen gewünscht, wenn er in einigen Metern Höhe auf einem Baumstamm leuchtendgelbe, appetitlich aussehende Pilze erblickte. Zu dieser Art hochthronender Pilze gehört der Goldfellschüppling, manchmal Löwengelber- oder Hochthronender Schüppling genannt. – **Merkmale:** *Hut:* Im Mittel 12 cm breit, am Rande heller, in der Hutmitte dunkler gelbbraun gefärbt. Bei Regen sehr schmierig, mit dunkleren Schuppen, die manchmal abgewaschen sind. *Lamellen:* Um den Stiel herum ausgebuchtet, ziemlich engstehend, zuerst gelblich, bald aber von den herabfallenden Sporen rostbraun gefärbt. *Stiel:* Sitzt oft stark verlängert, waagrecht im morschen Holz, außerhalb desselben aufwärtsgekrümmt, gelbbraun, trocken, bis 10 cm lang und über 1 cm dick. *Fleisch:* Fest, jung gelblich, im unteren Stielteil dunkler, ohne auffälligen Geruch, aber immer deutlich bitter schmeckend. – **Vorkommen:** Dieser Schüppling ist nicht selten, doch er wird nicht häufig gefunden, weil das Auge des Sammlers fast immer auf den Waldboden gerichtet ist, um dort zwischen Moosen, Kräutern und Gräsern Pilze zu entdecken. Nur selten gleitet sein Blick vom Fuß der Stämme hinauf in das Geäste. Dort oben, gern in Astlöchern, meist zu hoch, um ihn zu greifen, bricht der Hochthronende Schüppling aus den Stämmen der Laubbäume, besonders der Buchen hervor. Er greift sowohl lebende wie absterbende Bäume an und zerstört sie. Man findet ihn im Frühjahr, im April und Mai, dann nochmals im Herbst in den Monaten Oktober und November. – **Verwechslung:** Es gibt einige ähnliche Schüpplinge *(Pholiota)* und Flämmlinge *(Gymnopilus),* aber kaum einen mit goldgelber Hutfarbe und so hochsitzendem Standort. Die beiden Gattungen weisen keine Giftpilze auf, sind teilweise aber wegen ihrer Bitterkeit nicht genießbar, so z. B. der Sparrige Schüppling, *Pholiota squarrosa* (Pers. ex Fr.) Kummer, blaß strohgelb, mit schuppigem Stiel und Hut, büschelig am Grund von Stämmen wachsend. – **Verwendung:** Der Goldfellschüppling schmeckt bitter, wird aber trotzdem manchmal als eßbar, wenn auch nur als mittelmäßig im Geschmack bezeichnet. Von seiner Verwendung ist eher abzuraten als ihn zu empfehlen.

Stockschwämmchen

Kuehneromyces mutabilis (Schff. ex Fr.) Sing. u. Smith

Unter den Blätterpilzen gibt es verschiedene Gattungen, die uns das sichere Erkennen besonders schwermachen. Es handelt sich um Pilze, die bei feuchtem Wetter sehr viel Wasser aufnehmen und es bei trockener Witterung wieder abgeben. Das verändert ihr Aussehen beträchtlich; denn trocken sind sie dann meistens sehr hell, durchfeuchtet aber dunkel gefärbt, in lückenlosen Übergangsstufen, so daß man verschiedene Pilze vor sich zu haben glaubt. Derartig sich verändernde Pilze bezeichnet man als hygrophan und das Stockschwämmchen zeigt diese Eigenschaft besonders auffallend. – **Merkmale:** *Hut:* Bis 6 cm Durchmesser, deutlich gebuckelt, feucht zimtfarbig, trocken wesentlich blasser. Die hygrophane Zone umgibt den trockenen Buckel ringförmig. *Lamellen:* Zuerst blaß, dann ebenfalls zimtfarbig, ziemlich dichtstehend und am Stiel etwas herablaufend. *Stiel:* Trägt einen deutlichen, ziemlich dauerhaften Ring. Unterhalb desselben ist der Stiel sparrig-schuppig, bis 7 cm lang, kaum 1 cm dick. *Fleisch:* Blaß, im Stiel bräunlich, unauffällig im Geruch und Geschmack. – **Vorkommen:** Wächst nur auf Holz, mit besonderer Vorliebe auf Strünken von Laubbäumen, nur ganz selten auf Nadelholz. Kaum einzelnstehend, sondern immer gesellig in vielen Exemplaren, die dann den ganzen Strunk bedecken. Vom Frühling bis in den Winter häufig, auf der ganzen nördlichen Halbkugel. – **Verwechslung:** Nicht jeder Blätterpilz, der auf Stöcken wächst, ist das echte Stockschwämmchen. Früher bezeichnete man sogar den Hallimasch (S. 58) wegen des ähnlichen Aussehens und Standorts als solchen. Man hüte sich, den Pilz mit dem giftigen Grünblättrigen Schwefelkopf *Hypholoma fasciculare* (Huds. ex Fr.) Kummer (S. 96 unten), zu verwechseln, der sich leicht an seinen grüngelben Lamellen und dem bitteren Geschmack unterscheiden läßt. Beim Stockschwämmchen ist das Sporenpulver rostbraun, beim Schwefelkopf aber violettbraun. Ein weiterer giftiger Doppelgänger ist der Nadelholzhäubling *(Galerina marginata)*, der aber einen weiß überfaserten Stiel hat. – **Verwendung:** Das Stockschwämmchen ist ein beliebter Speisepilz. Durch sein büscheliges, geselliges Wachstum kann es mühelos, und zwar fast das ganze Jahr hindurch gesammelt werden. Besonders als Suppenpilz geeignet. Das Stockschwämmchen gehört zu den wenigen Pilzarten, die sich auf geeigneter Unterlage züchten lassen und für das der entsprechende Impfstoff im Handel zu erwerben ist.

Rauchblättriger Schwefelkopf

Hypholoma capnoides (Fr.) Kummer

Die Schwefelköpfe *(Hypholoma)* sind bei uns mit zwei Dutzend Arten vertreten. Die meisten von ihnen dienen nur wissenschaftlichen Interessen. Aber zwei von ihnen, der Rauch- oder Graublättrige Schwefelkopf sowie der Grünblättrige Schwefelkopf sind auch von praktischer Bedeutung. – **Merkmale:** *Hut:* Bis 6 cm breit, ohne Schuppen und Fasern, zuerst gewölbt und dann verflacht, unmittelbar nach dem Aufschirmen noch mit Schleierresten am Hutrand, gelbbraun. *Lamellen:* Erst blaß, dann aber bald nach Rauchgrau verfärbend, ohne gelb-grüne Farbtöne, was besonders wichtig ist. *Stiel:* Bis 10 cm lang, kaum 1 cm breit, oben heller, gegen die Basis bräunlich, oft gebogen, hohl. *Fleisch:* Weißlich, beim Kauen vielleicht etwas herb, aber nie ausgesprochen bitter. – **Vorkommen:** Ein häufiger Pilz, der schon im Frühjahr erscheint, aber auch im Herbst, ja sogar in milden Wintern gesammelt werden kann, immer in Büscheln auf Nadelholz. – **Verwechslung:** Der giftige, Grünblättrige Schwefelkopf unterscheidet sich durch gelbgrüne Lamellen und bitteren Geschmack. – **Verwendung:** Für die pilzarmen Monate ein guter Speisepilz.

Grünblättriger Schwefelkopf

Hypholoma fasciculare (Huds. ex Fr.) Kummer

Anfänger haben oft Schwierigkeiten, die beiden Schwefelköpfe sicher zu unterscheiden. Sie sehen nämlich an den Lamellen des Grünblättrigen Schwefelkopfs durchaus kein Grün. Ihre Vorstellung von Grün beinhaltet nämlich Farbtöne wie Grasgrün, Laubgrün, Lauchgrün und Flaschengrün, während der Grünblättrige Schwefelkopf nur gelbgrünliche Töne aufweist, die aber immerhin einen klaren Farbkontrast zu Rauchgrau bilden. – **Merkmale:** Hut: Schwefelgelb mit bräunlicher Mitte, *Lamellen:* Zuerst schwefelgelb, später gelbgrünlich, dann oliv, zuletzt durch ausfallende Sporen bräunlich. *Stiel:* Bis 10 cm lang, kaum 1 cm breit, gelblich, mit undeutlichen Schleierresten. *Fleisch:* Schwefelgelb und bitter. – **Vorkommen:** Büschelig auf Baumstrünken, häufig, auch in milden Wintern. – **Verwechslung:** Bei genauer Prüfung der Lamellenfarbe ist die häufige Verwechslung mit dem eßbaren Rauchblättrigen Schwefelkopf leicht zu vermeiden. **Verwendung:** Der Pilz galt früher als minderwertig, bzw. ungenießbar, ist aber giftig. Wer büschelig wachsende Blätterpilze von Strünken sammelt, muß ihn genau kennen.

Grünspanträuschling

Stropharia aeruginose (Curt. ex. Fr.) Quel.

In der Pilzberatungsstelle wirft ein Wissensdurstiger die Frage auf, ob es grüne Fliegenpilze gibt. Er erklärt, eben solche Pilze mit weißen Flocken auf dem Hut und einem beringten Stiel, alles genau wie beim Fliegenpilz, nur mit einem grünen, statt einem roten Hut in seinem Garten gefunden zu haben. Er erhält die Auskunft, daß er die Lamellen nicht genau betrachtet habe. Diese sind beim Fliegenpilz nämlich weiß, bei seinem Fund aber violettgrau. Also: Es gibt keine grünen Fliegenpilze, sondern es handelt sich um den Grünspanträuschling, auch Grünspanpilz genannt. – **Merkmale:** *Hut:* Bis 8 cm breit, glockig gewölbt, gebuckelt, später verflacht, sehr schleimig, patinagrün mit weißen, im Schleim schwimmenden Schüppchen. Ältere Hüte verfärben gelblich, glänzen bei trockenem Wetter. Am Hutrand finden sich häutige Velumreste. Die Huthaut ist abziehbar. *Lamellen:* Dicht stehend, jung blaß, dann rötlichgrau, alt violettbraun mit weißer Lamellenschneide, am Stiel abgerundet. *Stiel:* Bis 8 cm hoch und 1 cm dick, bläulichgrün, mit einem häutigen Ring, der sich durch herabfallende Sporen dunkel färbt. Unterhalb des Ringes ist der hohle Stiel faserig-schuppig. *Fleisch:* Weißlich, mit schwach rettichartigem Geruch und Geschmack. – **Vorkommen:** Ein häufiger Pilz, vom Sommer bis in den Herbst, in Wäldern, auf Grasflächen, Baumstümpfen und in Gärten vorkommend. – **Verwechslung:** Die auffallend gefärbte Art wird kaum verwechselt. Die weißen Schüppchen auf dem Hut können nach starken Regengüssen abgewaschen sein. Ein ähnlich gefärbter, aber ganz anders geformter Pilz ist der Anistrichterling, *Clitocybe odora* (Bull. ex. Fr.) Kummer, mit deutlichem Anisgeruch und trichterförmigem Hut, ohne Ring und mit weißem Sporenpulver. – **Verwendung:** Der Grünspanträuschling galt früher als giftverdächtig, ist aber eßbar, wenn auch nicht besonders geschätzt. Die schleimige Haut muß entfernt werden. Stücke von verschmutzten Straßenrändern oder aus der Nähe von Abfallhaufen, wo er oft wächst, nehme man nicht. – **Verwandte:** In Mitteleuropa wachsen ungefähr ein Dutzend Träuschlinge der Gattung *Stropharia.* Sie haben für den Speisepilzsammler keine Bedeutung. Auf Wiesen, besonders auf Viehweiden wird man mit dem Halbkugeligen Träuschling, *Stropharia semiglobata* (Batsch ex. Fr.) Quel., Bekanntschaft machen. Sein ockerlicher Hut ist halbkugelig. Man findet ihn auf oder in unmittelbarer Nähe von Kuhfladen.

Ringdüngerling

Anellaria semiovata (Sow. ex Fr.) Pears. u. Dennis

Ene große Anzahl von Pilzen sind Fäulnisbewohner, Saprophyten, d. h. sie ernähren sich von verfaulenden Nadeln, Blättern, Holz und anderen organischen Substanzen. Andere Pilze greifen lebende Organismen an, Bäume, Gräser, sogar Insekten, sind also ausgesprochene Parasiten. Bei der Auswahl ihres Nährbodens sind manche Arten wenig wählerisch, andere streng an bestimmte Substrate gebunden. Es gibt Pilze, z. B. aus der Gattung *Onygena,* die nur auf abgeworfenen Rinderklauen und Hörnern oder Rabenfedern wachsen. Der Ringdüngerling hat sich auf Rindermist spezialisiert. – **Merkmale:** *Hut:* Anfangs eiförmig, dann halbkugelig, schließlich glockig, aber nie aufschirmend, weiß, später cremefarben, jung schmierig, bei Trockenheit rissig werdend. *Lamellen:* Beim Zerschneiden des Hutes sieht man, daß die Lamellen den Stiel erst am obersten Ende erreichen und kaum mit ihm verwachsen sind. Sie zerfließen niemals zu einer schwarzen Flüssigkeit, wie das bei den Tintlingen *(Coprinus)* typisch ist, werden aber durch die nicht gleichzeitg reifenden, schwarzen Sporen fleckig. Das Sporenpulver ist völlig schwarz. *Stiel:* Auffallend lang, bis 15 cm, aus verdickter Basis sich verjüngend, weiß, später beige, sandfarben, auf seiner ganzen Länge hohl. Der Stiel trägt einen Ring, der anfangs gerieft ist, sehr bald einschrumpft, sich durch herabfallende Sporen schwarz färbt und sich häufig ganz verflüchtigt. *Fleisch:* Weißlich, nur in der Hutmitte etwas kräftiger, sonst dünn. – **Vorkommen:** Der Ringdüngerling findet sich von Juni bis in den Oktober hauptsächlich auf Viehweiden, wo er seine Fruchtkörper auf Rindermist erzeugt. Dementsprechend ist er kaum in Wäldern oder Ackerbaugebieten anzutreffen, sondern in Gegenden mit ausgedehnter Weidewirtschaft, also im montanen Bereich, besonders auf Almwiesen, auf denen er bis ins Hochgebirge vordringt. Der Pilz ist über ganz Europa verbreitet. – **Verwechslung:** Ähnlich ist der Halbkugelige Träuschling, *Stropharia semiglobata* (Batsch ex Fr.) Quel., auch auf Rindermist wachsend, aber schmächtiger und auch im Jugendstadium ohne Ring. – **Verwendung:** Der Ringdüngerling ist zwar keineswegs giftig, doch scheint das Milieu, aus dem er hervorgeht, wenig appetitlich und einladend. Sein Wert als Speisepilz ist deshalb noch nicht erprobt.

Schopftintling

Coprinus comatus (Müll. ex Fr.) Gray

Der Schopftintling gehört zur Gattung *Coprinus,* die unter den Blätterpilzen eine Sonderstellung einnimmt. Selbstverständlich werden die Sporen auch bei dieser Gattung von den Lamellen erzeugt, aber nicht in der üblichen Weise als Sporenstaub abgeworfen. Wenn die Sporen reif sind, lösen sich Hut und Lamellen auf, zerfließen in eine tintenartige Flüssigkeit, in der sich die Sporen befinden. Der Auflösungsprozeß verläuft sehr schnell, oft innerhalb weniger Stunden. – **Merkmale:** *Hut:* Bis 12 cm hoch, in geschlossenem Zustand bis 6 cm breit. walzenförmig, mit elliptischem Umriß. Häufig kommen die Fruchtkörper überhaupt nicht zum Aufschirmen, sondern zerfließen noch bei geschlossenem Zustand des Hutes. Dieser ist weiß, in der Mitte mit bräunlichen Tönen, alternd vom Rand her rötend und dann schwärzend. Die Hutoberfläche wird bald schuppig-faserig und auf dieser Beobachtung fußen die Namen Schopftintling und die amerikanische Bezeichnung »shaggy mane«, »Zottige Mähne«. Der reizende Anblick frischer, noch nicht zerfließender Hüte währt aber nur kurze Zeit. Dann sinkt der Pilz in sich zusammen. *Lamellen:* Sie stehen ungewöhnlich dicht, berühren niemals den Stiel, sind anfangs weiß und verfärben sich vom Hutrand her zuerst rötlich, dann rasch schwarz und zerfließen zu einer tintenartigen Flüssigkeit. *Stiel:* Bis 15 cm lang und bis 2 cm dick, zum größten Teil vom geschlossenen Hut umhüllt, innen hohl, nicht zerfließend und mit einem beweglichen Ring. *Fleisch:* Zuerst weiß, dann rötend, schließlich schwärzend, mit angenehmem Geruch und Geschmack. – **Vorkommen:** Ein sehr häufiger Pilz, vom Frühjahr bis in den Herbst, auf Rasenflächen verschiedenster Art, besonders an gedüngten Orten, in Parkanlagen aber auch auf Schuttplätzen, meist in Gruppen mit zahlreichen Exemplaren. – **Verwechslung:** Ähnlich ist der Faltentintling, *Coprinus atramentarius* (Bull. ex Fr.) Fr., mit dem man ihn nicht verwechseln darf, da dieser Pilz unter gewissen Umständen giftig wirken kann. (Siehe nächste Tafel!) – **Verwendung:** Der Schopftintling ist ein ausgezeichneter Speisepilz. Selbstverständlich können nur junge Exemplare verwendet werden, also solche, bei denen die Lamellen noch nicht verfärbt, also völlig weiß sind. Da der Schopftintling besonders rasch verdirbt, muß er nach dem Sammeln unverzüglich verwendet werden.

Faltentintling

Coprinus atramentarius (Bull. ex Fr.) Fr.

Sofern man Kontakt zu einem guten Pilzkenner hat, sich einem Pilzverein anschließen oder am Wohnort eine Pilzberatungsstelle konsultieren kann, lassen sich Funde unbekannter Pilze leicht klären. Pilzfreunde, die über diese Möglichkeiten nicht verfügen, helfen sich dadurch, daß sie mit der Post ihre Zweifelsfälle an Experten senden. Gut, aber man hüte sich, Tintlinge, *Coprinus* -Arten, auf die Reise zu schicken, denn nur eine abscheuliche, schwarze Brühe erreicht den Empfänger. Zu diesen nicht versendbaren Pilzen gehört auch der Faltentintling. – **Merkmale:** Bis 8 cm breit, jung eiförmig, dann glockig, deutlich gefaltet, so daß der Rand gerippt erscheint. Mit dem Aufschirmen reißt der Hut vom Rande her auf. Die Kappe ist grau, in der Hutmitte mehr gelblich gefärbt. Die Hutoberfläche ist mit feinen, glimmerartigen Schüppchen bedeckt, welche man leicht abwischen kann. *Lamellen:* Stehen sehr dicht, verkleben häufig, zuerst weißlich, färben sich rasch braun und schließlich schwarz. Zuletzt lösen sie sich in eine tintenartige, schwarze Flüssigkeit auf. *Stiel:* Im Mittel 12 cm lang und über 1 cm dick, schlank, später hohl, kein deutlicher, häutiger Ring, am unteren Ende mit einer merklichen Anschwellung. *Fleisch:* Ohne auffälligen Geruch und Geschmack, weißlich, später bräunlich. – **Vorkommen:** Ein sehr häufiger Pilz, der in Büscheln mit zahlreichen Individuen wächst und daher an seinen Standorten, auf Rasenflächen, in Parks, an Wegrändern, auf Unratlagerstätten auffällt. – **Verwechslung:** Darf nicht mit dem Schopftintling, *Coprinus comatus* (Müll. ex Fr.) Gray, (siehe vorausgehende Tafel!) verwechselt werden. – **Verwendung:** Jungpilze, die noch keine Auflösungserscheinungen zeigen, also noch helles, festes Fleisch haben, können verzehrt werden. Dabei ist aber zu beachten, daß man kurz vor und während der Mahlzeit, ebenso nachher, auf keinen Fall alkoholische Getränke zu sich nehmen darf. Dieser Pilz und Alkohol vertragen sich nämlich nicht. Der Pilz enthält wahrscheinlich einen schwachen Giftstoff, der unbeschadet den Verdauungskanal passiert, aber von Alkohol gelöst wird und auf diese Weise in die Blutbahn kommt und Erkrankungen hervorruft. – **Verwandte:** Sehr hübsch, mit weißflockigem Hut ist der Spechttintling, *Coprinus picaceus* (Bull.) Fr., und der winzige Gesäte Tintling, *Coprinus disseminatus* (Pers. ex Fr.) Gray, der in Hunderten von Exemplaren alte Baumstrünke besiedelt, beide keine Speisepilze.

Speitäubling

Russula emetica Fr.

Die mehr als hundert verschiedenen Täublingsarten zu unterscheiden, erfordert eine jahrelange, eingehende Beschäftigung mit dieser Gattung. Dagegen läßt sich verhältnismäßig leicht feststellen, ob ein Blätterpilz zu den Täublingen zu rechnen ist oder nicht. Täublinge haben weiße bis gelbliche Lamellen, die fast ausnahmslos besonders spröde sind und deshalb bei der Berührung splittern. Fällt ein Täubling auf eine harte Unterlage, so zerbricht er in Stücke, während bei anderen, weichen, nicht so starren Pilzen meist nur der Stiel abbricht. Dieses verschiedene Verhalten kommt daher, weil alle Täublinge in ihren Fruchtkörpern nicht nur langfaserige, sondern zahlreiche kugelige Zellen, sogenannte Sphaerocysten, eingelagert haben. – **Merkmale:** Der Speitäubling ist eine polymorphe Art, d. h. er ist so vielgestaltig, daß man ihn in mehrere Arten oder Formen aufteilen kann, die verschiedenen Lebensräumen, Biotopen, angepaßt sind. *Hut:* Bis 10 cm breit, leuchtend hellrot, Rand später gerieft, mit abziehbarer Haut. *Lamellen:* Weiß, höchstens ganz schwach gelb getönt, verschieden lang. *Stiel:* Weiß, ungefähr 8 cm lang, vollfleischig, starr und leicht abbrechend. *Fleisch:* Weiß, nach Obst riechend. Eine kleine Kostprobe ist unschädlich, schmeckt aber brennend scharf, wie Pfeffer. – **Vorkommen:** Ein sehr häufiger Täubling, der im Sommer und im Herbst, in verschiedenen Modifikationen im Laub- und Nadelwald vom Tiefland bis ins Hochgebirge vorkommt. – **Verwechslung:** Die verschiedenen rothütigen Täublinge sind gar nicht leicht zu unterscheiden. Aber man kann folgende Faustregel für die Prüfung der Täublinge anwenden. Sämtliche Täublinge, die bei einer Kostprobe mild schmecken, sind eßbar. Alle Täublinge, die beim Kosten ihres Fleisches scharf oder bitter schmecken, sind als Speisepilze nicht verwendbar, bzw. giftig. Diese Faustregel hat natürlich die Voraussetzung, daß der zu prüfende Pilz sicher als Täubling erkannt ist. Für die Prüfung anderer Gattungen hat die genannte Regel keine Gültigkeit und könnte zu den schlimmsten Verwechslungen führen. – **Verwendung:** Der Speitäubling ist ein Giftpilz, auch dann, wenn ihn Schnecken sichtlich mit Wohlbehagen verzehren. Tödliche Vergiftungen durch den Speitäubling sind nicht bekannt. Sein Name hängt mit speien, d. h. erbrechen, ausspucken zusammen.

Frauentäubling

Russula cyanoxantha (Schff. ex Fr.)

Der Frauentäubling ist auch unter dem Namen Blautäubling bekannt. Besser wäre der Name Violettgrüner Täubling, denn nur selten findet man rein violettblaue Stücke, meistens jedoch solche, deren Hutfarbe grüne und violette Töne aufweisen. – **Merkmale:** *Hut:* Im Mittel 12 cm breit, gewölbt, schließlich in der Mitte niedergedrückt, alt fast trichterförmig. Die Huthaut ist nur am Rand abziehbar. Die Farbe wechselt von schiefergrau über violett nach grün, auch ganz grüne Stücke oder stark verblaßte kommen vor. *Lamellen:* Sie sind für die Erkennung besonders wichtig. Im Gegensatz zu anderen Täublingen sind sie nicht spröde und brüchig, sondern biegsam, weich. *Stiel:* Kräftig, bis 10 cm lang und bis 2 cm dick, weiß, manchmal rötlich überhaucht und am unteren Ende zugespitzt. *Fleisch:* Weiß, ohne besonderen Geruch und Geschmack. – **Vorkommen:** Häufig im Sommer und Herbst, besonders gerne in Buchenwäldern. – **Verwechslung:** Kann leicht mit sehr ähnlichen Täublingen verwechselt werden, was aber, da alle mild schmeckenden Täublingsarten eßbar sind, harmlos ist. – **Verwendung:** Sehr geschätzter Speisepilz.

Speisetäubling

Russula vesca Fr.

Der Name Speisetäubling könnte den Eindruck erwecken, daß dieser Pilz der einzig eßbare aus der Gattung *Russula* wäre. Das stimmt natürlich nicht, mag aber bedeuten, daß er besonders gern gesammelt wird. Es wäre auch denkbar, daß ihn sein Name gegen den ebenfalls rothütigen, aber giftigen Speitäubling lobend hervorheben sollte. – **Merkmale:** *Hut:* Bis 10 cm breit, flachgewölbt, schließlich niedergedrückt, fleischrot. Die Huthaut erreicht die Hutkante nicht, so daß die weißen Lamellenenden wie eine schmale Bordüre am Hutrand erscheinen. *Lamellen:* Weiß, oft rostfleckig, Sporenstaub rein weiß. *Stiel:* Bis 7 cm hoch, weiß, gegen das untere Ende zugespitzt. *Fleisch:* Weiß, milde, nußartig schmeckend. – **Vorkommen:** Ein häufiger Täubling, hauptsächlich in Buchenwäldern von Sommeranfang bis Herbst. – **Verwechslung:** Ähnliche, mild schmekkende Arten sind eßbar. Im Zweifelsfall entscheidet die Kostprobe. – **Verwendung:** Einer der beliebtesten Speisepilze. Täublinge werden beim Kochen zwar nie so weich wie Röhrlinge, was aber, je nach Geschmacksrichtung, auch als Vorteil betrachtet wird.

Weißblättriger Ockertäubling

Russula ochroleuca (Pers.) Fr.

Es gibt Pilze, die man nicht jedes Jahr sehen kann, ja es gibt Arten, die man, weil sie große Seltenheiten darstellen, vielleicht einmal im Leben zu Gesicht bekommt. Beim Weißblättrigen Ockertäubling ist das Gegenteil festzustellen. Er ist ein Massenpilz, den man fast jedes Jahr waschkorbweise sammeln könnte. – **Merkmale:** *Hut:* Bis 9 cm breit, Huthaut bis zur Hälfte abziehbar, gelb in verschiedenen Abstufungen, für manche Stücke deshalb auch der Name Zitronentäubling passend. *Lamellen:* Weiß, am Stiel ausgebuchtet, bei älteren Exemplaren grauend, bis 8 cm lang und 2 cm dick. *Fleisch:* Weiß, mild, in den Lamellen schärflich. – **Vorkommen:** Im Sommer und Herbst sehr häufig in Nadelwäldern. – **Verwechslung:** Sehr ähnlich ist der bittere Gallentäubling, *Russula fellea* Fr., der dunklere Lamellen hat und unerträglich scharf schmeckt, wie durch eine Kostprobe sehr leicht festzustellen ist. Wächst im Buchenwald. – **Verwendung:** Der Weißblättrige Ockertäubling ist eßbar, wenn er auch nicht zu den Speisepilzen erster Qualität gerechnet werden kann. Als Mischpilz ist er jedenfalls brauchbar.

Stachelbeertäubling

Russula queletii Fr.

Wenn man Täublinge zu Speisezwecken sammelt, dann muß man besonders darauf achten, daß die Pilze im Korb sorgfältig gelagert und dann möglichst erschütterungsfrei transportiert werden. Beachtet man das nicht, so zerbrechen die Pilze und man bringt ein unerfreuliches Gemengsel zerbrochener Kappen, Lamellen und Stiele nach Hause, weil Täublinge, bezeichnend auch Sprödblättler genannt, eben sehr zerbrechlich sind. – **Merkmale:** *Hut:* Bis 8 cm breit, im Alter trichterig niedergedrückt, Rand gerieft, Huthaut bis nahe der Mitte abziehbar, purpurfarbig, mit dunklerer Mitte. *Lamellen:* Weißlich, nie kräftig gelb, aber bei Druck grünlich verfärbend. *Stiel:* Bis 7 cm lang und bis 2 cm dick, rot mit bläulichen Tönen. *Fleisch:* Hat einen beißend scharfen Geschmack. – **Vorkommen:** Im Sommer und Herbst in Fichtenwäldern. – **Verwechslung:** Der unerträglich scharfe Geschmack unterscheidet ihn von allen anderen roten, milden und daher eßbaren Täublingen. – **Verwendung:** Ungenießbar. Nach mehreren scharfen Kostproben kann die Zunge feinere Geschmacksunterschiede vorübergehend nicht mehr feststellen.

Wolliger Milchling

Lactarius vellereus Fr.

Milchlinge sind den Täublingen sehr ähnlich. Wenn man aber einen Milchling verletzt, so sondert er, im Gegensatz zum Täubling, einen Milchsaft ab. Die erwähnten Sphaerocysten finden sich nur im Fleisch der Milchlinge, nie aber in den Lamellen. Diese sind daher nicht brüchig wie bei den Täublingen. – **Merkmale:** *Hut:* Bis 25 cm breit, Rand stark eingerollt, kalkweiß, anfangs wollig bis filzig, trichterförmig. *Lamellen:* Weißlich bis ockerfarbig. *Stiel:* Weiß, gedrungen, bis 6 cm lang. *Fleisch:* Sehr scharf schmeckend. – **Vorkommen:** Häufig in Laub- und Nadelwäldern, besonders im Herbst. – **Verwechslung:** Ähnlich sind der Langstielige Pfeffermilchling, *Lactarius pergamenus* (Swarts ex Fr.) Fr. und der Grünende Pfeffermilchling, *Lactarius piperatus* (L. ex Fr.) Gray, beide mit dichtstehenden Lamellen und kahlem Hut. Diese beiden können, in Fett gebraten, ohne ihre Bitterkeit ganz zu verlieren, als Beilagen zu Fleischspeisen verzehrt werden. – **Verwendung:** Der Wollige Milchling ist ungenießbar. Da er beim Aufschirmen oft Teile des Waldbodens hochhebt, wird er auch Wolliger Erdschieber genannt.

Tannenmilchling

Lactarius necator (Bull. ex Fr.) Karst.

Dieser düster gefärbte Milchling wird in älteren Pilzbüchern als Mordschwamm bezeichnet, was auch sein Artname *necator* = Mörder bedeutet. Er erzeugt aber höchstens Erbrechen und Durchfall, so daß der Name Tannenmilchling besser angebracht erscheint. – **Merkmale:** *Hut:* Im Mittel 12 cm breit, in der Mitte niedergedrückt, alt fast trichterförmig, olivgrün. *Lamellen:* Weißlich, später gelblich, dunkel fleckend. *Stiel:* Bis 6 cm lang, bis 2 cm dick, wie der Hut, aber heller gefärbt. *Fleisch:* Weißlich, es sondert sehr reichlich einen brennend scharfen Milchsaft ab. – **Vorkommen:** Vom Sommer bis in den Herbst sehr häufig, besonders in Fichtenwäldern, überall in Europa. – **Verwechslung:** Auch für die Milchlinge gilt die bei den Täublingen brauchbare Faustformel, die besagt, daß alle mild schmeckenden Arten eßbar sind. – **Verwendung:** Der Tannenmilchling wird bei uns nicht zu Speisezwecken verwendet, weil er Verdauungsschwierigkeiten bereitet. In den osteuropäischen Ländern wird er aber viel gesammelt und nach Wässern, Abbrühen und Wegschütten des Kochwassers auch gerne verzehrt.

Milchbrätling

Lactarius volemus Fr.

Ein bezeichnendes Merkmal aller Milchlinge ist die Absonderung eines Milchsaftes, der nur bei sehr alten, ausgetrockneten Stücken nicht mehr wahrnehmbar ist. Die Milchlingsarten können nach der Farbe des Milchsaftes unterschieden werden. Weinrote, karottenrote, gelbe und violette, meist weiße Milch kommt vor. Der Milchbrätling gehört zu den Arten, die reichlich weiße Milch führen. – **Merkmale:** *Hut:* Im Mittel 12 cm breit, mit eingerolltem Rand, niedergedrückter Mitte, gelb bis rotbraun, oft rissig. *Lamellen:* Hellgelb, bei Druck braunfleckend. *Stiel:* Meist etwas blasser als der Hut, festfleischig. *Fleisch:* Gelblichweiß, mild im Geschmack, mit einem deutlichen Geruch nach Heringslake. – **Vorkommen:** Sommer und Herbst in Gruppen von wenigen Stücken, besonders gerne bei Buchen. – **Verwechslung:** Ähnliche Milchlinge sind meist schmächtiger und haben niemals den charakteristischen Geruch. – **Verwendung:** Der Milchbrätling kann – das ist eine Ausnahme – auch roh verzehrt werden. Wie alle anderen eßbaren Milchlinge eignet er sich nicht zum Kochen, weil dabei sein Fleisch gern schleimig wird, sondern zum Braten.

Fichtenreizker

Lactarius semisanguifluus (Heim u. Leclair)

Die Milchlinge mit rotem Milchsaft nennt man Reizker. Dieser Name ist aus der tschechischen Sprache entlehnt, in der »ryzek« der »Rötliche« bedeutet, und auf die Farbe des Hutes oder der Milch hinweist. – **Merkmale:** *Hut:* Bis 12 cm Durchmesser, zuerst niedergedrückt, später trichterförmig, anfangs orangerot, aber bald grünend, alte Stücke manchmal völlig grün. *Lamellen:* Herablaufend, erst hell orangefarben, dann grünfleckig. *Stiel:* Bis 7 cm lang und bis 2 cm dick, innen hohl. *Fleisch:* Im Stiel weiß, randliche Partien mehr oder minder rötlich, bei Verletzung eine karottenrote Milch abscheidend, die eintrocknend blutrot wird. – **Vorkommen:** Massenhaft bei jungen Fichten. – **Verwechslung:** Es gibt noch drei andere, rotmilchende Reizker. Eine Verwechslung damit wäre positiv zu werten, denn sie übertreffen den Fichtenreizker an Wohlgeschmack. – **Verwendung:** Obwohl der minderwertigste unter den Reizkern, wird der Fichtenreizker doch viel verwendet, trotz seines etwas herben Geschmacks. Nach einer Reizkermahlzeit färbt sich der Urin rot, was aber kein Anzeichen für eine Erkrankung bedeutet.

Rotbrauner Milchling

Lactarius rufus (Scop.) Fr.

Von den 75 Milchlingsarten, die in Mitteleuropa vorkommen, sind es ungefähr 15, die in der Hautfarbe, der Milch und in ihrer Gesamterscheinung mit dem Rotbraunen Milchling mehr oder minder Ähnlichkeit zeigen. Keiner von ihnen ist aber so weit verbreitet und so häufig wie der Rotbraune Milchling. – **Merkmale:** *Hut:* Im Mittel 8 cm breit, zuerst gewölbt, bald aber um die Hutmitte herum niedergedrückt und im Zentrum dieser Eintiefung mit einem kleinen, spitzen Buckel, der ein ausschlaggebendes Erkennungsmerkmal ist. Die Hutfarbe ist einheitlich rotbraun, die Huthaut trocken. *Lamellen:* Blaß rötlichgelb, am Stiel etwas herablaufend. *Stiel:* Im Mittel 7 cm lang, hohl, dem Hut gleichfarbig, aber wesentlich blasser. *Fleisch:* Sondert einen sehr scharfen, weißen Milchsaft ab. – **Vorkommen:** Ein Massenpilz der Nadelwälder, vom Sommer bis zum Herbst, aber immer nur auf sauren Böden. – **Verwechslung:** Von ähnlichen Arten durch den Spitzbuckel, die scharfe Milch, die sich nicht färbt, gut zu unterscheiden. – **Verwendung:** Wegen seiner Schärfe nicht gesammelt. In Osteuropa aber nach Spezialbehandlung viel verwendet.

Birkenmilchling

Lactarius torminosus (Schff. ex Fr.) Gray

Der Birkenmilchling, auch Birkenreizker genannt – Reizker sollte eigentlich auf die rotmilchenden Arten beschränkt werden – gehört unter den Milchlingen zu jener kleinen Gruppe, die sich durch einen fransig-zottigen Hutrand auszeichnet. – **Merkmale:** *Hut:* Im Mittel 10 cm breit, zuerst mit stark eingerolltem Rand, dann ausgebreitet und trichterig niedergedrückt. Besonders junge Pilze sind am Hutrand auffallend filzig-zottig. Hutfarbe gelblichrosa mit konzentrischen, dunkleren Zonen. *Lamellen:* Rosagelblich, am Stiel meist mit einem kleinen Zahn herablaufend. *Stiel:* Bis 6 cm lang, blaßrosa, flachgrubig. *Fleisch:* Schwach rötlich, einen brennend scharfen Milchsaft absondernd. – **Vorkommen:** Im Sommer und Herbst, immer bei Birken, daher auch in Mooren, im gemäßigt warmen Europa überall. – **Verwechslung:** Von den echten, genießbaren Reizkerarten, mit welchen er durch die rötliche Hutfarbe bei flüchtiger Prüfung verwechselt werden könnte, unterscheidet ihn klar die weiße und scharfe Milch. – **Verwendung:** Der Birkenmilchling ist giftig, wird aber in Osteuropa, wie der Rotbraune Milchling verwendet.

Pfifferling

Cantharellus cibarius Fr.

Der Pfifferling, auch Eierschwamm oder Reherl genannt, ist wohl der beliebteste und bekannteste Speisepilz. Das dürfte darauf zurückzuführen sein, daß er selten madig, kaum zu verwechseln, verhältnismäßig haltbar und daher transportfähig ist. – **Merkmale:** *Hut:* Meist kaum über 5 cm breit, doch manchmal auch Riesenexemplare, erst gewölbt, später trichterförmig, normal dottergelb, doch manchmal weißlich oder lila. *Leisten:* Keine Blätterpilz-Lamellen, sondern leistenförmige Vorsprünge an der Hutunterseite, weit am Stiel herablaufend. *Stiel:* Wie der ganze Pilz dottergelb, nach unten sich verjüngend, nach oben allmählich in den Hut übergehend. *Fleisch:* Gelblichweiß, scharf nach Pfeffer schmeckend, wie der Name andeutet. Beim Kochen verliert sich die Schärfe. – **Vorkommen:** Sehr häufig, aber in Gegenden, wo viel gesammelt wird, schon recht selten. – **Verwechslung:** Das Falsche Reherl, *Hygrophoropsis aurantiaca* (Wulf. ex Fr.) Mre, weicher und mehr orangerot, ist nicht giftig, aber wertlos. – **Verwendung:** Beliebter Speisepilz, aber mit viel unverdaulicher Substanz, nicht zum Trocknen geeignet.

Herbsttrompete

Craterellus cornucopioides (L. ex Fr.) Pers.

Die Herbsttrompete erschien früher in den Pilzbüchern unter dem Namen Totentrompete. Das war keine glückliche Bezeichnung, um ihr Freunde zu schaffen, wie es der wohlschmeckende Pilz eigentlich verdient. – **Merkmale:** Die Fruchtkörper sind nicht in Hut und Stiel gegliedert, sondern haben die Gestalt eines trichterförmigen Füllhorns. Dieses wird im Mittel 10 cm hoch und erweitert sich oben trompetenförmig, verengt sich aber nach unten zu einer engen Röhre. Die Außenseite des Trichters ist grau, zuerst glatt und später faltig. Sie sondert die Sporen ab. Die Innenseite des Trichters ist schuppig, bei trockenem Wetter graubraun, bei Nässe aber fast schwarz. – **Vorkommen:** Die Herbsttrompete findet man in der 2. Jahreshälfte, besonders im Buchenwald, meist in Büscheln mit zahlreichen jungen und alten Exemplaren, dicht gedrängt, also mühelos zu ernten. – **Verwechslung:** Ähnlich aussehende Giftpilze gibt es nicht. – **Verwendung:** Junge Exemplare ergeben, besonders in getrocknetem Zustand, eine schmackhafte, hochgeschätzte Würze für Suppen, Soßen und Rouladen.

Schwefelporling

Laetiporus sulphureus (Bull. ex Fr.) Bond. u. Sing.

Baumschwämme sind im allgemeinen für den Pilzfreund, der etwas für die Küche sammeln will, wenig interessant, außer er will die Fruchtkörper als Konsolen verwenden. Baumschwämme sind nämlich meistens korkige, holzige, unverdauliche Gebilde, die häufig auch so hoch an Baumstämmen sitzen, daß man ihrer kaum habhaft werden kann. Doch der Schwefelporling macht eine Ausnahme. Seine Jugendstadien sind so geschätzt, daß sie gelegentlich sogar in Feinkostgeschäften als besondere Delikatesse angeboten werden. – **Merkmale:** *Hut:* Zahlreiche, immer dachziegelartig übereinander wachsende Hüte entwickeln sich, vielfach miteinander verbunden, zu Sammelfruchtkörpern bis 50 cm Breite und über einen Meter Länge, viele Kilogramm schwer. Anfangs sind die farbenfrohen Hüte leuchtend schwefelgelb, später mehr orangerot. Die prächtigen Farbtöne verbleichen mit dem Altern des Pilzes. *Röhren:* Ebenfalls schwefelgelb, ungefähr 3 mm lang, mit sehr feinen, rundlichen Mündungen. *Stiel:* Die Hüte sitzen sehr kurz oder meistens ganz ungestielt am Baumstamm. *Fleisch:* Jung gelb, weich, sehr saftig, von säuerlichem Geschmack, aber bald verblassend, dann trocken, käsig-bröckelig werdend. Schließlich bleibt von dem zuerst farbenfreudigen Pilz nur eine Gruppe schmutzigweißer Konsolen. – **Vorkommen:** Schwefelporlinge erscheinen schon im Mai. Es ist gar nicht schwer, sie aufzufinden, denn durch ihr leuchtendes Gelb sind sie so auffällig, daß man sie schon auf größere Entfernung hin entdeckt. Der Pilz wächst auf verschiedenen Laubbäumen, besonders gerne auf Weiden *(Salix),* auch auf Obstbäumen, auf Nadelholz aber nur selten. Er befällt lebende Bäume, ist also ein Parasit, der seinen Wirt in einigen Jahren unweigerlich zerstört. Man kann also am gleichen Baum mehrmals ernten. – **Verwechslung:** Es gibt keinen anderen Baumschwamm von dieser Größe und zugleich leuchtend gelber Farbe. Er kann deshalb kaum verwechselt werden. Alte, ausgebleichte Stücke werden häufig verkannt. – **Verwendung:** Nur ganz junge Exemplare des Schwefelporlings können verzehrt werden. Feinschmecker, die zur Abwechslung einmal etwas Ausgefallenes auf dem Tisch haben wollen, schätzen ihn sehr. Abbrühen und nachfolgendes Panieren wird empfohlen. Ältere Exemplare zeigen keinerlei Wohlgeschmack, sind krümelig trocken und nicht mehr zu verwenden.

Semmelstoppelpilz

Hydnum repandum (L. ex Fr.)

Der Semmelstoppelpilz gehört zu den Stachelschwämmen. Das ist eine Gruppe von Pilzen, bei denen man weder Lamellen, noch Röhren oder Poren feststellen kann. Bei ihnen bildet die sporenerzeugende Schicht auf der Hutunterseite ein dichtes Feld von Stacheln, einem Stoppelfeld ähnlich aus. Trotz dieses gemeinsamen Merkmals sind die verschiedenen Arten vielfach nicht enger verwandt. Der Semmelstoppelpilz ist ein typischer Vertreter. – **Merkmale:** *Hut:* Bis 10 cm breit, oft mit benachbarten Hüten verwachsen, semmelgelb, stark an Pfifferlinge erinnernd. *Stacheln:* Im Mittel 5 mm, aber ungleich lang, spitzig, gelb und leicht zerbrechlich. *Stiel:* Bis 6 cm lang, wie der Hut, doch blasser gefärbt. *Fleisch:* Weißlich, junge Stücke schärflich, ältere bitter. – **Vorkommen:** Häufig im Sommer und Herbst im Laub- und Nadelwald. – **Verwechslung:** Junge Exemplare werden oft für Pfifferlinge gehalten. In Gebirgslagen findet man Semmelstoppelpilze, die mehr rötlichgelb gefärbt sind, *Hydnum rufescens* Fr., auch eßbar. – **Verwendung:** Junge Pilze sind wohlschmeckend und kaum von Maden angegriffen.

Habichtspilz

Sarcodon imbricatum (L. ex Fr.) Karst.

Der Habichtspilz wird auch Rehpilz genannt. Beide Namen sind gut gewählt, denn sie sind für das Aussehen bezeichnend. Die schuppige Hutoberfläche erinnert nämlich an ein Raubvogelgefieder, die Hutunterseite mit ihren Stacheln an ein Rehfell. – **Merkmale:** *Hut:* Bis über 20 cm breit, jung am Rand eingerollt, später in der Mitte vertieft, mit groben, braunen Schuppen, die die ganze Hutoberfläche bedecken. – **Stacheln:** Sehr dicht stehend, bis 10 mm lang, zuerst weißlich, später graubraun, brüchig, etwas herablaufend. *Stiel:* Bis 6 cm lang und bis 2 cm dick, weißlich bis bräunlich. *Fleisch:* Weißlich, später graubraun, mit würzigem Geruch, bei jungen Exemplaren mild, bei älteren bitter. – **Vorkommen:** Im Herbst, besonders in Nadelwäldern, oft in langen Reihen oder Ringen. – **Verwechslung:** Es gibt einen ähnlichen, etwas feinschuppigeren Pilz, den ungenießbaren Gallenstacheling, *Sarcodon scabrosum* Quel., der sehr bitter schmeckt, aber durch den grünlichen Stielfuß oder eine Kostprobe leicht erkennbar ist. – **Verwendung:** Nur junge Pilze sind brauchbar, besonders getrocknet als Würze für Suppen und Soßen.

Herkuleskeule

Clavariadelphus pistillaris (L. ex Fr.) Donk

Der erstmalige Fund einer Herkuleskeule überrascht den Sammler, der gewohnt ist, an einem Pilz Hut und Stiel zu unterscheiden. So kommt es immer wieder vor, daß diese Riesenkeule an der Beratungsstelle als Steinpilz geschildert wird, von dem nur der Stiel ausgebildet, die Kappe aber nicht entwickelt worden sei. Dieser Irrtum wird dahin berichtigt, daß es sich um einen Keulenpilz handelt, bei dem das Hymenium nicht an Röhren, Lamellen oder Stacheln gebunden ist, sondern den ganzen keulenförmigen Fruchtkörper bedeckt, also auf der gesamten Oberfläche des Fruchtkörpers Sporen erzeugt. – **Merkmale:** Die keulenförmigen, ansehnlichen Fruchtkörper werden über 20 cm hoch, an der weitesten Ausbauchung der Keule bis 5 cm dick. Jung sind die Keulen festfleischig, im Alter werden sie schwammig, recht unterschiedlich in Größe und Gestalt. Die Farbe der Keulen ist gelblich, lederfarben, später etwas bräunend. – **Vorkommen:** Im Sommer und Herbst wachsend, doch in manchen Gegenden recht selten. Am häufigsten findet man die Herkuleskeule in Buchenwäldern auf kalkhaltigem Boden, an feuchten, beschatteten Standorten, an solchen Plätzen aber überall in Europa. – **Verwechslung:** Sehr ähnlich, doch mit oben flach abgestutzer Keule ist die Abgestutzte Keule, *Clavariadelphus truncatus* Quel. – **Verwendung:** Die genannten Keulenpilze schmecken meist leicht bitter, sind also geringwertige Speisepilze, wenn auch nicht giftig. – **Verwandte:** Zur Gattung *Clavariadelphus* gehören noch einige recht interessante Pilzgestalten. Die Zungenkeule, *Clavariadelphus ligula* (Fr.) Corner, ist wesentlich kleiner als die Herkuleskeule, bis 8 cm hoch. Sie wächst in der Nadelstreu der Fichtenwälder, gesellig in vielen Hunderten von Exemplaren, eßbar, aber von geringer Qualität. Zwischen Fallaub gedeiht die Röhrige Keule *Clavariadelphus fistulosa* (Fr.) Corner, welche ebenso hoch wie die Herkuleskeule wird, aber sehr schlank bleibt, höchstens 6 mm dick, hohl, röhrenförmig, ungenießbar. Ein Keulenpilz, der kaum mehr diesen Namen verdient, ist die Binsenkeule, *Clavariadelphus juncea* (Fr.) Corner. Ihre bis 10 cm langen Fruchtkörper sind dünn, fast fadenförmig, höchstens 2 mm stark und wachsen im Spätherbst auf den abgefallenen Blättern von Buchen und Eichen. Sie hat als Speisepilz keine Bedeutung.

Krause Glucke

Sparassis crispa (Fr. ex Wulf)

Dieser auffallende Pilz, der mehrere Kilogramm schwer werden kann, wird mit einer brütenden Gluckhenne oder mit einem Badeschwamm verglichen. Auch die Ähnlichkeit mit einem Kalbsgekröse trifft zu. – **Merkmale:** Auf einem fleischigen Strunk erhebt sich ein rundliches, blumenkohlartiges Gebilde, das im Mittel 30 cm breit und 25 cm hoch wird. Der Strunk verästelt sich und die Zweigenden sind blattartig flach, wellig verbogen. Der Pilz ist zunächst blaßgelblich, schließlich an den Astenden bräunlich. – **Vorkommen:** Wächst immer am Grunde alter Kiefernstämme, auf deren Wurzeln oder Stümpfen. In Gegenden mit ausgedehnten Kiefernwäldern nicht selten, wo aber die Kiefer fehlt, kaum zu finden. – **Verwechslung:** Sehr ähnlich ist die Eichenglucke *Sparassis laminosa* Fr., die nur an Eichen vorkommt. – **Verwendung:** Die beiden Glucken sind ausgezeichnete, ergiebige Speisepilze. Sie müssen ganz besonders sorgfältig von im Labyrinth der Äste verborgenen Kleintieren gesäubert werden. Sehr alte Stücke, die schon welken oder an den Asträndern bräunen sind zäh und bitter und nicht mehr zu verwenden.

Dreifarbige Koralle

Ramaria formosa (Pers. ex Fr.) Quel.

Die dreifarbige Koralle und die ihr ähnlichen Arten werden auch als Ziegenbärte bezeichnet. Es gibt unter ihnen einige eßbare, aber auch minderwertige, ja sogar giftige Arten, wie der Name Bauchwehkoralle, *Clavaria pallida* (Fr. ex Schff.), deutlich macht. Im Alter sehen sich eßbare und unbekömmliche Arten sehr ähnlich und sind dann schwer auseinanderzuhalten. – **Merkmale:** Aus einem bauchigen, bis 4 cm dickem Strunk, der weiß gefärbt ist, erheben sich kräftige fleischfarbige Äste, die sich dann nochmals verzweigen. Die Zweigenden sind an den Spitzen zitronengelb. Das Weiß des Strunks, die Fleischfarbe der Äste und das Gelb der Zweigspitzen werden aber im Alter undeutlich. – **Vorkommen:** In Laubwäldern, besonders bei Buchen. – **Verwechslung:** Es gibt mehrere, sehr ähnliche Korallenpilze, die als Speisepilze gesammelt werden, aber auch schwer unterscheidbare, giftige Arten. – **Verwendung:** Beim Sammeln anderer Korallenpilze empfiehlt sich besondere Vorsicht, vielleicht durch eine Testmahlzeit. Von alten, verfärbten Stücken lasse man die Hände!

Kartoffelbovist

Scleroderma aurantium (L. ex Pers.)

Wer erstmals einen Kartoffelbovist in die Hände bekommt, ist versucht, ihn wirklich für eine Kartoffel zu halten, denn Aussehen und Gewicht stimmen überein. Auch für eine Trüffel wird dieser Hartbovist angesehen, doch auch mit diesen teuer bezahlten Gewürzpilzen für die Tafel des Feinschmeckers besteht nur eine äußere Ähnlichkeit. Der Kartoffelbovist gehört nämlich zu den Bauchpilzen, echte Trüffeln aber sind Schlauchpilze. – **Merkmale:** Bildet, wie alle Bauchpilze, einen geschlossenen Fruchtkörper, der die Sporen in seinem Inneren erzeugt, die erst bei seinem Zerfall frei werden. Gleicht einer Kartoffel von mittlerer Größe, ziemlich hart und verhältnismäßig schwer. Wenn man die Knolle durchschneidet, so stellt man eine etwa 3 mm starke Schale fest. Das Innere des Bovists ist anfangs ziemlich hell, nie aber rein weiß. Wenn die Sporen reifen, verfärbt sich das Innere zuerst grau und wird schließlich fast schwarz, von vielen weißen Fasern durchzogen. Bei der Sporenreife reißt die Schale auf, die Sporen werden, oft eine kleine Staubwolke bildend, vom Wind weggetragen. Der aufgeschnittene Pilz hat einen stechenden, widerwärtigen Geruch. – **Vorkommen:** Nicht überall zu finden, da er Kalkböden meidet. Nur wo diese tiefgründig entkalkt sind oder gerne auch auf Torfböden ist der Pilz anzutreffen, der übrigens weltweit verbreitet ist. – **Verwechslung:** Es gibt noch einen Dünnschaligen Kartoffelbovist, *Scleroderma verrucosum* Pers., der sich durch eine dünnhäutige Schale unterscheidet. – **Verwendung:** Der Kartoffelbovist ist giftig, die dünnschalige Art wertlos. Kartoffelboviste wurden zwischen getrockneten, teueren Trüffeln als Fälschung festgestellt. – Eine interessante Besonderheit des Kartoffelbovists zeigt die untere Abbildung. Der Kartoffelbovist wird nämlich von einem Schmarotzerpilz befallen, der sich von ihm ernährt und dabei den Bovist derart schädigt, daß dieser keine Sporen mehr reifen kann. Bei diesem Parasiten handelt es sich um den Parasitischen Röhrling, *Xerocomus parasiticus* (Bull. ex Fr.) Quel., der mit dem Maronenröhrling, der Ziegenlippe und dem Rotfußröhrling nahe verwandt ist. Merkwürdig erscheint es, daß der auf einem Giftpilz schmarotzende Röhrling ungiftig ist und verzehrt werden kann.

Flaschenbovist

Lycoperdon perlatum Pers. = *Lycoperdon gemmatum* Batsch

Reife Fruchtkörper des Flaschenbovists haben vielen Pilzfreunden schon als Kinder Spaß gemacht. Es war lustig, gegen sie mit dem Fuß zu stoßen, denn dann entließen sie an ihrem aufgerissenen Scheitel eine Rauchwolke, der kindlichen Einsicht freilich nicht als eine unzählige Menge von Sporen begreiflich. – **Merkmale:** Die Fruchtkörper haben eine verkehrt flaschenförmige Gestalt, mit dem Flaschenhals also nach abwärts gerichtet. Sie erreichen eine Höhe von 8–10 cm, an der bauchigsten Stelle einen Durchmesser von 5 cm. Der ganze Fruchtkörper ist von kleinen, sehr zerbrechlichen, leicht abwischbaren Wärzchen bedeckt. Wenn diese abfallen, verkahlt der Pilz. Die anfänglich weiß bis gelbliche Farbe ist dann verschwunden und die papierdünne Haut hell- bis dunkelbraun. Am Scheitelpunkt entsteht eine Öffnung, durch die, ausgelöst durch einen Stoß oder darauffallende Regentropfen, die Sporen entweichen. Der Stielteil ist im Innern mit einer schwammigen Masse gefüllt, der Kopfteil enthält das sporenbildende Gewebe, welches zuerst rein weiß ist, rasch aber gelblich, olivfarben und breiig, zuletzt dann wieder trocken, staubartig wird. – **Vorkommen:** Der Flaschenstäubling ist einer der häufigsten Weichboviste. Er findet sich in den verschiedensten Wäldern vom Flachland bis in hohe Gebirgslagen und ist dementsprechend in stark abweichenden Formen über die ganze Nordhalbkugel verbreitet. – **Verwechslung:** Es gibt in Mitteleuropa etwa ein Dutzend *Lycoperdon*-Arten. Am häufigsten ist der Birnenstäubling, *Lycoperdon pyriforme* Schff., der gesellig in dichten Büscheln auf morschen Baumstrünken zu finden ist. – **Verwendung:** Der Flaschenbovist ist eßbar. Auch für die Stäublinge kann man eine Faustregel aufstellen. Sie besagt, daß alle zugehörigen Pilze, so lange sie innen völlig weiß sind, verzehrt werden können. Ein Ratschlag für das Sammeln wäre zu beachten. Wenn man Flaschenboviste mit anderen Pilzen in einen Korb bringt, dann verlieren die Boviste durch Reibung die vielen Wärzchen ihrer Oberfläche und verunreinigen so das gesamte Sammelgut und dieses sieht aus, als wäre es in einer schlecht geleerten Tüte transportiert worden, in der sich ursprünglich Grieß befunden hat. Gesammelte Flaschenboviste sollen deshalb in einem eigenen Behälter, jedenfalls getrennt von anderen Pilzen, verpackt werden.

Tintenfischpilz

Anthurus archeri (Berk.) E. Fischer

Es dürfte nicht viele Pilzfreunde geben, die diese bizarre Pilzgestalt, übrigens auch ein Bauchpilz, zu sehen bekommen haben. Er ist nämlich erst in diesem Jahrhundert in Europa aufgetaucht. Seine Heimat dürfte Australien sein. Wahrscheinlich ist er im ersten Weltkrieg eingeschleppt worden, denn 1921 wurde er erstmals in Europa gesichtet. Inzwischen hat er sich stark ausgebreitet. – **Merkmale:** Der junge Pilz bildet ein sogenanntes »Hexenei«, einem Bovist ähnlich, mit ungefähr 4 cm Durchmesser. Bei der Reife öffnet sich diese Knolle und mehrere, dicht aneinander geschmiegte Äste streben in die Höhe. Sie lösen sich dann voneinander und erinnern mehr an einen Seestern als an einen Tintenfisch. Die 4–6 Arme sind himbeerrot, von einer dunklen Masse bedeckt, die die Sporen enthält und unerträglich nach Aas stinkt. – **Vorkommen:** Auf Wiesen, Weiden und Waldrändern. – **Verwechslung:** Einmalig in Gestalt, Farbe und Geruch. – **Verwendung:** Ungenießbar. Pilze von so fremdartiger Herkunft und bestaunenswerter Schönheit verdienen, wie seltene geschützte Pflanzen, daß sie geschont werden.

Kragenerdstern

Geastrum triplex Jungh.

Erfahrene Pilzfreunde versäumen nicht, gelegentlich die dicke Fallaubschicht zur Seite zu räumen. Da findet man, kaum glaublich, eine Gruppe von »Tulpenzwiebeln«. Ein Kenner gratuliert zu dem Fund, denn es sind junge Exemplare des Kragen- oder Halskrausenerdsterns. – **Merkmale:** Nach Öffnung der Knollen entsteht ein dreiteiliges Gebilde: Innen eine bovistartige Kugel. Diese liegt auf einer flachen Schale, dem »Kragen«. Die äußerste Schicht reißt in mehrere Lappen auf, die die inneren Teile wie ein Stern mit etwa 10 cm Durchmesser umgibt. – **Vorkommen:** Dieser Erdstern findet sich im Fallaub wärmerer Laubwälder, ist dort nicht selten, wird aber in der gleichgefärbten Umgebung sehr leicht übersehen; als Kosmopolit in allen Kontinenten. – **Verwechslung:** In Mitteleuropa gibt es fast zwei Dutzend Erdsterne, wenige so groß und keinen anderen mit einem »Kragen«. – **Verwendung:** Als Speisepilz nicht zu gebrauchen. Alle Erdsterne, Wunder aus der Welt der Pilze, erregen staunende Bewunderung und verdienen Schonung.

Stinkmorchel

Phallus impudicus (Fr. ex L.)

Kaum sind wir einige Meter in den Wald eingedrungen, so stellt unser Begleiter fest, daß es hier Stinkmorcheln geben müsse, obwohl er dieses Waldstück selbst noch nie betreten hat. Der starke, aasartige Geruch, der schon lange wahrnehmbar ist, bevor man den Pilz zu Gesicht bekommt, hat seine Anwesenheit verraten. – **Merkmale:** Im Jugendstadium lebt die Stinkmorchel unterirdisch, als eine Knolle von Hühnerei- bis Faustgröße und wird in diesem Zustand als Hexen- oder Teufelsei angesprochen. Nachdem der Scheitel des Hexeneis den Waldboden durchbrochen hat, platzt dieses auf und nun wächst überraschend schnell der Stiel mit dem Hut heraus. Er ist bis 20 cm hoch, weiß, von löcherig-zelliger Struktur, innen hohl. An seinem oberen Ende trägt er eine fingerhutförmige Kappe. Diese ist mit einem olivfarbenem Schleim bedeckt, der einen widerlichen, aasartigen Geruch verbreitet. Dieser Geruch lockt Insekten, hauptsächlich Fliegen, oft auch Mistkäfer an, welche die in der grünlichen Substanz enthaltenen Sporen verbreiten. Ist diese ganz abgetropft, so bleibt ein löcherig, grubiger Kegel zurück, der Stiel wird schlaff und sinkt in sich zusammen. – **Vorkommen:** Die Stinkmorchel ist ein sehr häufiger Pilz, der hauptsächlich in Nadelwäldern, doch auch in Laubwäldern vorkommt. Sie wächst von Juni bis in den Herbst, gerne gesellig in kleinen Gruppen, überall in der gemäßigten Zone. – **Verwechslung:** In den Dünen der Meeresküsten und in Weinbergen findet sich eine Stinkmorchel, die sich durch eine rötlich-violette Haut des Hexeneis unterscheidet, die Dünenstinkmorchel, *Phallus hadriani* (Vent.) Pers. Sollte man das Glück haben, eine Stinkmorchel zu finden, die am Stiel ein Gebilde wie einen Spitzenschleier trägt, so hat man einen bemerkenswerten Fund gemacht, nämlich eine sogenannte Schleierdame, *Dictiophora duplicata* (Bosc.) E. Fischer, die aus Amerika eingewandert ist. Man versäume nicht, eine solche Seltenheit an ein botanisches Institut zu melden. – **Verwendung:** Reife Stinkmorcheln sind wegen ihres Geruchs ungenießbar. Es finden sich aber Liebhaber, die die Hexeneier wie Röstkartoffeln zubereiten und dieses Gericht als Delikatesse preisen. Die meisten Pilzfreunde können sich aber für derartige Leckerbissen nicht erwärmen.

Speisemorchel

Morchella esculenta Pers.

Wenn man Morcheln suchen will, dann geht man nicht dorthin, wo man gewöhnlich seine Pilze heimholt, also nicht in die großen Laub- und Nadelwälder, sondern in flußbegleitende Auwälder, wo sie auf sandigem Aulehm unter Ulmen, Eschen und Pappeln, bei genügendem Kalkgehalt des Bodens zu finden sind. – **Merkmale:** *Hut:* In der Größe und Gestalt sehr veränderlich, im Mittel 7 cm hoch und bis 5 cm breit. Die ganze Hutoberfläche ist durch Längs- und Querleisten netzartig aufgeteilt, einer Bienenwabe nicht unähnlich, gelblich lederfarben, manchmal auch mehr grau. *Stiel:* Bis 6 cm hoch, außen feinkleiig, innen hohl. *Fleisch:* Weiß, wachsartig, brüchig. – **Vorkommen:** Im April und Mai nach warmen Regenfällen, auch auf Brandstellen, standorttreu. – **Verwechslung:** Mehrere Unterarten wurden beschrieben, die aber alle eßbar sind. Gefährlich wäre eine Verwechslung mit der giftigen Speiselorchel, *Gyromitra esculenta* (Pers.) Fr., die aber in sandigen Kiefernwäldern wächst, Kalkboden scheut und eine dunkelbraune, mit gehirnartigen Windungen versehene Kappe hat. Sie wird zwar nach Abkochen und Wegschütten des Kochwassers auch gegessen, doch kann von ihrer Verwendung nur dringend abgeraten werden. – **Verwendung:** Die Speisemorchel ist ein viel gesuchter, beliebter Frühjahrspilz, bedarf aber wegen der vielen Schlupfwinkel in ihren Hüten einer besonders gründlichen Reinigung.

Hohe Morchel

Morchella elata (Fr. ex Pers.)

Spricht man bei der Speisemorchel, auch Rundmorchel genannt, von einem barocken, dann muß man der Hohen Morchel ein gotisches Aussehen zubilligen. – **Merkmale:** *Hut:* Hoher, schlanker, spitzer und dunkler als bei der Speisemorchel. Auffallend sind die kräftigen Längsrippen, die nahezu parallel verlaufen. Sie werden bald schwärzlich. *Stiel:* Weiß mit kleiiger Oberfläche, innen hohl. *Fleisch:* Wie bei der Speisemorchel. – **Vorkommen:** An ähnlichen Plätzen wie die Speisemorchel, jedoch viel seltener. – **Verwechslung:** Da es keine giftigen Morcheln gibt, wäre eine Verwechslung ohne praktische Bedeutung. – **Verwendung:** Auch die Hohe Morchel ist eßbar, doch ist sie im Geschmack der Speisemorchel unterlegen. Quer zur Längsachse in Scheibchen geschnitten, erinnern die zubereiteten Pilze an Zahnrädchen und Beilagscheiben.

Leuchtender Prachtbecher

Caloscyphe fulgens (Pers.) Boud.

Sowohl Morcheln und Lorcheln als auch das Gallertköpfchen und die Becherlinge gehören zu den Schlauchpilzen. Dieser Begriff bleibt für die meisten Pilzfreunde unverständlich, denn sie können bei den genannten Pilzen durchaus nichts feststellen, was sie irgendwie an einen Schlauch erinnern würde. Diese Schläuche, in denen die Sporen gebildet werden, sind nämlich nur wenige Tausendstel Millimeter groß und nur für den Sammler zu sehen, der seine Funde mit einem Mikroskop untersucht. – **Merkmale:** *Becher:* Anfangs kugelig, dann halbkugelig bis becherförmig, mit eingerissenen Rändern, bis zu 4 cm Durchmesser; innen leuchtend gelb bis orangerot gefärbt, außen weißlich, oft blaugrün angehaucht. *Stiel:* Sehr kurz oder ganz ungestielt. *Fleisch:* Wachsartig, sehr zerbrechlich. – **Vorkommen:** Im Frühjahr, zur Zeit der Narzissenblüte *(Narcissus poeticus* L.) in montanen Nadelwäldern, oft in langen Ketten aneinandergereiht. – **Verwechslung:** Der Orangerote Becherling, *Aleuria aurantia* (Fr.) Fuckel, oft zwischen dem Kies beschotterter Waldwege, ist ähnlich. – **Verwendung:** Beide Pilze sind eßbar, werden aber, da sie wenig fleischig sind, kaum gesammelt.

Gallertkäppchen

Leotia lubrica Pers.

Der Wasserbedarf der Pilze ist verschieden. Die meisten gedeihen nur, wenn reichlich Wasser zur Verfügung steht. Trotzdem gibt es auch in Wüsten und Steppengebieten Pilze. Das Gallertkäppchen, auch Grüner Kappenpilz genannt, gehört zu den Arten, die nur an dauernd feuchten Orten gedeihen können. – **Merkmale:** *Fruchtkörper:* Sein oberer Teil ist hutförmig, natürlich ohne Röhren oder Lamellen, denn es handelt sich um einen Schlauchpilz. Das Köpfchen ist gelblich bis ockerfarben. Die Fruchtkörper sind in Größe und Form sehr veränderlich. Der untere, stielartige Teil ist gleichfarbig, innen mit Schleim gefüllt. Das gelatinöse Fleisch hat keinen ausgeprägten Geruch oder Geschmack. – **Vorkommen:** An sehr schattigen, feuchten Stellen zwischen Moosen, auf Ton- und Lehmböden, die ein rasches Versickern der Niederschläge verhindern. – **Verwechslung:** Andere *Leotia*-Arten sind selten gefundene Raritäten. – **Verwendung:** Das Gallertkäppchen, treffend auch Schlüpfriger Kappenpilz genannt, ist eßbar, wird aber kaum gesammelt.

Prachtbecherling

Sarcoscypha coccinea (Fr.) Lambotte

Dieser wundervolle Pilz, in England als der schönste aller Becherlinge gepriesen, läßt beim Finder das Herz höherschlagen. – **Merkmale:** *Becher:* Zuerst krug-, dann schalen- oder schüsselförmig, bis zu 5 cm Durchmesser. Der gelbliche Rand wird später wellig und reißt ein. Die Innenseite des Bechers ist leuchtend zinnoberrot, die Außenseite weißlich, flockig, mit verfilzten, durchsichtigen Haaren. *Stiel:* Kurz, feinfilzig. *Fleisch:* Wachsartig, zerbrechlich. – **Vorkommen:** Die Fruchtkörper entfalten sich im unmittelbaren Anschluß an die Schneeschmelze. Da diese, je nach Höhenlage zu verschiedenen Zeiten eintritt, kann man den Prachtbecher von Februar bis in den Mai finden, in besonders milden Landstrichen aber auch schon im Winter. Die Pilze wachsen stets an feuchten Plätzen, immer auf abgestorbenen, oft mit Moos überwachsenen, herabgefallenen Ästchen. In manchen Gegenden selten, doch häufig auch übersehen. – **Verwechslung:** Es gibt ähnliche, kleinere, rote, ungiftige, doch meist winzige Becherlinge. – **Verwendung:** Man sollte es gar nicht sagen, daß der Prachtbecherling eßbar ist. Jeder wahre Naturfreund wird sich scheuen, dieses herrliche Gebilde zu zerstören. Er betrachtet nicht jeden Pilz als ein wohlfeiles Nahrungsmittel. Die größere Freizeit an den Wochenenden, die längere Urlaubszeit, die Möglichkeit mit dem Auto bequem auch entfernte Waldungen zu erreichen, haben allerdings dazu geführt, daß immer mehr »Naturfreunde«, die diesen Namen wirklich nicht verdienen, an Pilzen interessiert sind. Sie kennen keine Pilze, wollen sich die Mühe des Kennenlernens ersparen und sammeln deshalb einfach alles, groß und klein, was sie in die Finger bekommen, denn im Auto kann man es leicht mitführen. Die kiloschwere Ernte wird einer Beratungsstelle vorgelegt, nicht um das Wissen zu erweitern, sondern diese Leute wünschen nur, die Sortierung der Pilze in eßbare und genießbare Schwämme. So kommt es dazu, daß oft 90% der vorgelegten Pilze, darunter seltene und schöne, wie der Prachtbecherling, in der Mülltonne verschwinden. Nützt die Belehrung und Ermahnung der Berater nichts und wiederholt sich solcher Raubbau an vielen Wochenenden von vielen Sammlern, dann sind manche Arten vom Aussterben bedroht. Der Prachtbecherling in seiner Schönheit bewege uns dazu, den Pilzen mit Schonung, Bewunderung und Verständnis zu begegnen.

Abgebildete Pilze

Deutsche Namen

Lateinische Namen

Die Natur besser kennen ...

BLV Bestimmungsbuch

Ewald Gerhardt **Pilzführer**

245 wichtige Speise- und Giftpilze in 267 Farbfotos abgebildet und beschrieben

Ein Bestimmungsbuch, das Hilfestellung beim Erkennen von Speise- und Giftpilzen leistet. Alle Pilzbeschreibungen sind ausführlich. Zu den exakten Abbildungen kommen ein bebilderter Bestimmungsschlüssel und ein nach Hauptgruppen gegliederter Alternativschlüssel, die das Erkennen weiter erleichtern.

326 Seiten, 267 Farbfotos, 9 s/w Fotos, 10 s/w Zeichnungen

Bruno Cetto **Der große Pilzführer**

Ein „guter" Pilzführer muß diese Voraussetzungen erfüllen:

- Abbildungen hoher Qualität – am besten Farbfotos –, die alle wichtigen Merkmale eines Pilzes gut zeigen und damit ein sicheres Bestimmen gewährleisten.
- Genaue Standortangaben, die den mitteleuropäischen Verhältnissen entsprechen.
- Eindeutige und klare Beschreibungen der einzelnen Pilze, die unmißverständlich auf Verwechslungsgefahren aufmerksam machen.
- Eine wissenschaftlich exakte, leicht verständliche und dem neuesten Stand der Erkenntnisse entsprechende Einführung, die mit allen wichtigen Bereichen der Pilzkunde vertraut macht.
- Der große Pilzführer erfüllt diese Forderungen.

Band 1: 882 Pilze, 382 in Farbfotos, 5. Auflage, 633 Seiten,
382 Farbfotos, 192 Zeichnungen

Band 2: 947 Pilze, 467 in Farbfotos, 2. Auflage, 729 Seiten, 467 Farbfotos

Band 3: 765 Pilze, 416 in Farbfotos, 2. Auflage, 635 Seiten, 416 Farbfotos

BLV Verlagsgesellschaft München